Luftfahrzeugbau und -Führung

Hand- und Lehrbücher des Gesamtgebietes

In selbständigen Bänden unter Mitwirkung von

R.Basenach †, Ingenieur, Berlin. **A. Baumann**, Ingenieur, Professor für Luftfahrt, Flugtechnik und Kraftfahrzeugbau an der Techn. Hochschule Stuttgart. **P. Béjeuhr**, Ingenieur, Assistent der Aerodynamischen Versuchsanstalt Göttingen. **Dr. A. Berson**, Professor, Berlin. **Dr. G. von dem Borne**, Professor für Luftfahrt an der Techn. Hochschule Breslau. **Dr. F. Brähmer**, Chemiker, Assistent a. d. Kgl. Militärtechn. Akademie Berlin. **G. Christians**, Dipl.-Ingenieur, Rheinau-Baden. **R. Clouth**, Fabrikbesitzer, Paris-Neuilly. **Dr. M. Dieckmann**, 1. Assistent am Physik. Institut der Techn. Hochschule München. **Dr. H. Eckener**, Friedrichshafen a. B. **Dr. Flemming**, Stabsarzt a. d. Kaiser-Wilhelms-Akademie Berlin. **R. Gradenwitz**, Ingenieur, Fabrikbesitzer, Berlin. **J. Hofmann**, Preußischer Regierungsbaumeister, Kaiserlicher Reg.-Rat a. D., Genf. **Dr. W. Kutta**, Professor a. d. Techn. Hochschule Aachen. **Dr. F. Linke**, Dozent für Meteorologie u. Geophysik am Physikal. Verein u. d. Akademie Frankfurt a. M. **Dr. A. Marcuse**, Professor an der Universität Berlin. **Dr. A. Meyer**, Assessor, Frankfurt a. M. **St. v. Nieber**, Exzellenz, Generalleutnant z. D., Berlin. Dr. ing. **E. Roch**, Dipl.-Ingenieur, Berlin. **E. Rumpler**, Ingenieur, Direktor, Berlin. **O. Winkler**, Oberingenieur, Berlin u. a.

herausgegeben von

Georg Paul Neumann

Hauptmann a. D.

III. Band

München und **Berlin**

Verlag von R. Oldenbourg

1911

Chemie der Gase

Allgemeine Darstellung
der Eigenschaften und Herstellungsarten der für die
Luftschiffahrt wichtigen Gase

Von

Dr. Friedrich Brähmer

Chemiker, Assistent an der Kgl. Militärtechn. Akademie in Berlin

Mit 62 Textabbildungen und 3 Tabellen

München und **Berlin**
Verlag von R. Oldenbourg
1911

Druck der Königl. Universitätsdruckerei H. Stürtz A.-G., Würzburg.

Vorwort.

Das hohe Interesse, welches jetzt mehr und mehr der Luftschiffahrt entgegengebracht wird, hat es Verfasser als wünschens-
wert erscheinen lassen, den Freunden der Aeronautik eine Zusammenstellung der Eigenschaften und Herstellungsarten der für
die Luftschiffahrt wichtigen Gase zu geben. Damit auch der
Nichtchemiker den mit den mannigfachen technischen Vorgängen
verbundenen chemischen Prozessen mit Verständnis folgen kann,
sind im Teil I des Buches die wichtigsten Tatsachen der allgemeinen Chemie sowie die wichtigsten Gasgesetze kurz an-
geführt. In Teil II sind dann die Gase im einzelnen behandelt.
Hierbei sind auch einige Gase beschrieben, die überflüssig erscheinen mögen, wie Kohlensäure und Kohlenoxyd. Sie sind
jedoch vom Verfasser als integrierende Bestandteile des für die
Wasserstofferzeugung immer wichtiger werdenden Wassergases
aufgenommen worden, zumal sie auch sonst noch verschiedent-
lich erwähnt werden.

Herrn Prof. Dr. Nass von der Militärtechnischen Akademie,
der den Verfasser bei der Abfassung des Werkes durch wert-
volle Ratschläge sowie durch Überlassung einiger Tabellen tat-
kräftig unterstützt hat, sei an dieser Stelle besonders der herz-
lichste Dank ausgesprochen, desgleichen den Firmen und Herrn
Verlegern, die durch Überlassung von Zeichnungen dazu bei-

getragen haben, dass die modernen Verfahren möglichst vollständig aufgenommen werden konnten. Persönlichen Dank schuldet der Verfasser Herrn Direktor D i c k e (Internationale Wasserstoff-Aktiengesellschaft), Herrn Ingenieur G. H i l d e b r a n d t (Industriegas, G. m. b. H.), sowie Herrn Verleger M. K r a y n, Berlin.

B e r l i n W. 15, im Mai 1911.

Dr. F. Brähmer.

Inhalt.

Teil I.

Teil I.

Kapitel I

Von den drei Aggregatzuständen.

Die dem Menschen bekannten Körper, aus denen unser Planet besteht, treten in dreifacher Weise auf, fest, flüssig und gasförmig. Diese drei verschiedenen Formen bezeichnet man mit dem Namen der drei Aggregatzustände. Man geht hierbei von der Annahme aus, dass die Körper allgemein aus einer Anhäufung (lat. Aggregat) von kleinsten Teilchen, den sogenannten Molekülen bestehen, die durch die zwischen ihnen wirkenden Molekularkräfte zu einem Ganzen zusammengehalten werden.

Als starren Körper betrachtet man einen solchen, der unter der Einwirkung von Kräften praktisch seine Gestalt nicht ändert, wie Holz, Eisen u. a.

Flüssig ist ein Körper, der der kleinsten formändernden Kraft, z. B. der Schwerkraft nachgibt, wenn mit der Formänderung keine Volumänderung verbunden ist. Während also ein starrer Körper immer eine bestimmte Form besitzt, ist dies bei einem flüssigen Körper nicht der Fall. Seine Moleküle sind im Gegensatz zu denen der festen Körper leicht beweglich, so dass eine Flüssigkeit sich einerseits immer der Form ihrer Umgebung anpasst, andererseits unter der Einwirkung der Schwerkraft eine horizontale Oberfläche besitzt.

Unter einem Gas versteht man endlich einen Körper, der die Eigenschaft besitzt, jeden ihm dargebotenen Raum einzunehmen. Von den festen und flüssigen Körpern unterscheiden sich die Gase besonders noch dadurch, dass sie in hohem Masse kompressibel, zusammendrückbar sind.

Kapitel II.

Grundzüge der allgemeinen Chemie.

Die Frage nun nach der Zusammensetzung der Körper, die sich uns in den drei beschriebenen Aggregatzuständen darbieten und die Bausteine der Welt bilden, hat seit uralten Zeiten die Menschen beschäftigt. Von allen darauf bezugnehmenden Hypothesen hat sich jedoch nur die atomistische Hypothese, auch Atomistik genannt, bewährt, die heutzutage die Grundlage der modernen chemischen Atomtheorie bildet. Begründer der atomistischen Weltanschauung waren Leucippus und Democritus (um 450 v. Chr.). Weiter gebildet wurde sie im Altertum durch Lucretius (gest. 55 v. Chr.) und in der neueren Zeit (Anf. d. 17. Jahrh.) durch den französischen Probst P. Gassendi und den deutschen Arzt Daniel Sennert, bis sie im Anfang des 19. Jahrhunderts durch John Dalton in die Chemie eingeführt wurde.

In der Atomistik ist die Anschauung vertreten, dass die Materie aus kleinsten Teilchen, sogenannten Atomen, bestehe, die zwar mit unseren Sinnen nicht wahrnehmbar sind, jedoch eine endliche Grösse besitzen. (Im Gegensatz dazu nahm u. a. Anaxagoras, 500—428 v. Chr., an, dass die Materie unbegrenzt teilbar sei.) Eine Begründung dieser Anschauung findet sich u. a. bei Lucretius in seinem Buch „De rerum natura" (Über die Natur der Dinge). Während jedoch die Alten annahmen, dass die Atome zwar der Gestalt nach verschieden seien, z. B. die Feueratome rund, andere würfel-, zylinderförmig usw., im übrigen aber sich stofflich nicht voneinander unterschieden, ist man jetzt zu folgenden Ergebnissen gekommen.

Sämtliche uns bekannten Körper und Verbindungen lassen sich auf etwa 80 chemische Grundstoffe oder Elemente zurückführen, wobei man unter einem chemischen Element einen Körper versteht, der sich auf chemischem Wege mit den uns bisher zu Gebote stehenden Mitteln nicht weiter zerlegen lässt. Alle Atome eines Elements sind gleichartig, die Atome der verschiedenen Elemente sind in stofflicher Hinsicht verschiedenartig. Die Atome vereinigen sich gewöhnlich zu Molekülen. So nimmt man an, dass z. B. das Wasserstoffgas (chemisches Symbol = H) nicht aus einfachen Atomen H besteht, sondern aus Molekülen H_2, die zwei Atome Wasserstoff enthalten. Eine Ausnahme hiervon u. a. machen die neuentdeckten Edelgase Argon und Helium, die nicht aus Molekülen, sondern aus einzelnen Atomen bestehen. Eine ähnliche Erscheinung zeigt Quecksilberdampf.

Während bis gegen Ende des 18. Jahrhunderts über die Gesetzmässigkeiten, nach denen sich die chemischen Körper untereinander verbinden, nichts bekannt war, beginnt um die Wende desselben ein neuer Abschnitt in der Geschichte der Chemie. Der erste Chemiker, der sich mit den quantitativen Verhältnissen bei den Umsetzungen chemischer Verbindungen beschäftigte, war Jeremias Benjamin Richter (1762—1807). Seine Versuche galten besonders den Gewichtsverhältnissen, nach denen sich die Säuren mit den Basen zu Salzen verbinden. Das Resultat seiner Untersuchungen legte er in seinen Werken „Anfangsgründe der Stöchiometrie oder Messkunst chemischer Elemente" und „Über die neueren Gegenstände der Chemie" nieder. Er ist somit als der Begründer der Stöchiometrie anzusehen, d. i. jenes Teiles der Chemie, der den bei der Umsetzung der Körper auftretenden Gesetzmässigkeiten Zahlengrössen zugrunde legt. Die Tatsache, dass die Gewichtsverhältnisse, nach denen sich die Elemente miteinander verbinden, unveränderlich sind, die auch schon Richter, Wenzel u. a. bekannt war, wurde dann durch die Arbeiten Louis Prousts (1755—1826) sicher gestellt. Die Veranlassung dazu war der Kampf Prousts gegen seinen französischen Landsmann Berthollet, der behauptet hatte, dass die Stoffe sich in einem wechselnden veränderlichen Verhältnisse miteinander verbänden. Proust zeigte dagegen durch eine grosse Anzahl von Analysen, dass das Verhältnis, nach dem sich die Elemente miteinander verbinden, ein konstantes ist, Gesetz der konstanten Proportionen. So enthalten z. B. hundert Teile Kochsalz (NaCl) stets 60,6 Teile

Chlor (Cl) und 39,4 Teile Natrium (Na), während man nach der falschen Ansicht von Berthollet annehmen müsste, dass Chlor und Natrium sich auch nach anderen Verhältnissen zu Chlornatrium oder Kochsalz vereinigen könnten.

Den grössten Fortschritt hat die Chemie John Dalton (1766—1844) zu verdanken, der die Atomistik in die Chemie einführte. Sein Verdienst ist es, damit in grösstem Umfange die rechnerischen Grundlagen für die Behandlung chemischer Vorgänge geschaffen zu haben. Die Grundzüge der Daltonschen Atomtheorie sind kurz folgende. Dalton hatte die Beobachtung gemacht, dass die im Kohlenoxyd (CO) und Kohlendioxyd (CO$_2$) enthaltenen Gewichtsmengen an Sauerstoff (O), auf die gleiche Menge Kohlenstoff (C) bezogen, im Verhältnis 1:2 standen. Ebenso fand er auf Grund von Analysen, dass sich die im Äthylen (C$_2$H$_4$) und Methan (CH$_4$) enthaltenen Wasserstoffmengen (H), auf die gleiche Menge Kohlenstoff bezogen, wie 1:2 verhalten. Der Erfolg weiterer experimenteller Versuche war seine Entdeckung des Gesetzes der multiplen Proportionen, das besagt: Verbinden sich verschiedene Mengen eines Elementes mit derselben Gewichtsmenge eines anderen Elementes, so verhalten sich diese Mengen wie einfache Zahlen. Mit Hilfe dieser Entdeckung versuchte Dalton die relativen Atomgewichte abzuleiten (da z. B. Eisen schwerer als Wasserstoff ist, muss natürlich auch ein Atom Eisen schwerer sein, als ein Atom Wasserstoff). Er bediente sich dabei einiger Voraussetzungen. Dalton nahm an, dass, wenn zwei Elemente A und B nur eine Verbindung miteinander eingehen, das Molekül dieser Verbindung nur aus je einem Atom der betreffenden Elemente besteht, also die Zusammensetzung A + B hat. Ebenso, wenn von zwei Elementen A und C zwei Verbindungen bekannt sind, dass die Moleküle dieser Verbindungen nach A + C und A + 2C zusammengesetzt sind.

Auf Grund dieser Theorie war es nun möglich, die relativen Atomgewichte zu bestimmen. An folgenden Beispielen sei dies erklärt: 100 Teile Schwefeleisen (FeS) bestehen aus rund 63,6 Teilen

Eisen (Fe) und 36,4 Teilen Schwefel (S). Wenn man nun annimmt, dass im Schwefeleisen auf das Molekül nur ein Atom
Schwefel und ein Atom Eisen entfallen, dann müssen sich
die Atomgewichte von Eisen und Schwefel wie 63,6 und 36,4
verhalten. Ebenso müssen im Eisenoxydul (FeO), das aus rund
77,8% Eisen und 22,2% Sauerstoff (O) besteht, die Atomgewichte von Eisen und Sauerstoff sich wie 77,8 : 22,2 verhalten,
wenn man eben annimmt, dass im Eisenoxydul das Molekül aus
einem Atom Eisen und einem Atom Sauerstoff besteht. Wenn
man daher für irgendein Element eine bestimmte Zahl als
Atomgewicht festsetzt, so lassen sich durch eine einfache Rechnung die Zahlen für die Atomgewichte der anderen Elemente
ableiten. Als solches Element für den Ausgang der Berechnungen
wählt man zweckmässig ein Element, das mit anderen Elementen
möglichst genau analysierbare Verbindungen eingeht. Aus diesem
Grunde hat man jetzt den Sauerstoff als Vergleichselement ge-
wählt und sein relatives Atomgewicht auf 16 festgesetzt. Dann
berechnen sich die Atomgewichte von Eisen auf rund 56
$\left(=\dfrac{77,8 \cdot 16}{22,2}\right)$ und von Schwefel rund 32,0 $\left(=\dfrac{36,4 \cdot 56}{63,6}\right)$. Eine
genaue Tabelle der bis jetzt bekannten Elemente nebst deren
genauen Atomgewichten ist am Schluss des Bandes angegeben.
Die absoluten Atomgewichte sind bisher mit Sicherheit noch
nicht bekannt.

Obwohl, wie aus den angeführten Beispielen ersichtlich,
durch die Arbeiten Daltons die Grundlage geschaffen war,
auf der sich die Bestimmung der Atomgewichte auf chemischem
Wege ermöglichen liess, so fehlte noch der Beweis dafür, dass
die auf genanntem Wege ermittelten Atomgewichte auch tatsächlich nun die richtigen waren. Letzteres konnte nur der
Fall sein, wenn wirklich, wie im Schwefeleisen und Eisenoxydul,
die Moleküle dieser Verbindungen nur je ein Atom der betreffenden Elemente enthielten. Es mussten ausser der chemischen noch andere Methoden zu Hilfe genommen werden, um
die Richtigkeit der auf chemischem Wege bestimmten Atomgewichte zu bestätigen. Zur Erläuterung diene folgendes Bei-

spiel: Das Bleioxyd besteht rund aus 92,83% Blei und 7,17%
Sauerstoff. Auf das Atomgewicht von Sauerstoff $= 16$ be-
rechnet, ergäbe sich das des Bleies zu $\dfrac{92{,}83 \cdot 16}{7{,}17} =$ rund 207.
Vorausgesetzt, dass das Molekül Bleioxyd 1 Atom Blei und
1 Atom Sauerstoff enthielte, hätte das Molekül die Zusammensetzung PbO (207 + 16). Ebenso gut könnte aber das Atomgewicht des Bleies nur die Hälfte von 207, nämlich 103,5 betragen, dann setzte sich das Bleioxyd zusammen nach Pb_2O
(2 . 103,5 + 16). Die Analyse gibt darüber keinen Aufschluss.
Zur Entscheidung dieser Frage lässt sich aber ein physikalisches
Gesetz benutzen. Es ist das nach den Entdeckern Dulong
und Petit benannte Gesetz, welches besagt, dass die Atom-
wärmen der im festen Aggregatzustand befindlichen Elemente
ungefähr gleich sind und rund 6,4 Kal. betragen. Die spezifische
Wärme eines Körpers bezeichnet bekanntlich die Wärmemenge, die seine Masseneinheit, d. h. 1 g um 1^0 C erwärmt.
Unter Atomwärme versteht man das Produkt aus spezifischer
Wärme mal Atomgewicht, d. h. durch die Atomwärme wird in
Kalorien[1]) die Wärmemenge bezeichnet, die imstande ist, das
in Grammen ausgedrückte Atomgewicht eines Elementes um
einen Grad zu erwärmen. Bezeichnet man daher das Atomgewicht eines Elementes mit A und den Wert seiner spezifischen
Wärme mit W, so hat man: $A \cdot W = 6{,}4$ oder $A = \dfrac{6{,}4}{W}$. Daraus folgt für das Atomgewicht des Bleies annähernd, da seine
spezifische Wärme bei mittlerer Temperatur gleich 0,0315
Kalorien ist, $A = \dfrac{6{,}4}{0{,}0315} = 203$. Man sieht, dass das nach
Dulong und Petit erhaltene Atomgewicht sehr nahe mit dem
vorhin ermittelten Wert 207 übereinstimmt, also das Bleioxyd
tatsächlich die Formel PbO besitzt.

---

[1]) Das Mass für die Wärme ist die „Kalorie". Sie gibt die Wärmemenge an, die erforderlich ist, um die Gewichtseinheit des Wassers um
1^0 (von $14^1/_2{}^0$ C auf $15^1/_2{}^0$) zu erwärmen. Je nachdem man letztere auf
1 g oder 1 kg bezieht, spricht man von der kleinen oder grossen Kalorie.

Ausser dieser Methode hat man noch andere kennen gelernt, die Atomgewichte der Elemente einwandfrei zu bestimmen. Näheres s. van Deventer, Physikalische Chemie für Anfänger (Leipzig, W. Engelmann).

Jeder chemische Vorgang lässt sich nun durch eine Gleichung ausdrücken, wobei man auf die linke Seite der Gleichung die mit einander reagierenden Körper und auf die rechte Seite die durch die Reaktion neugebildeten Körper schreibt. Nach dem Vorgang von Berzelius bezeichnet man dabei die Elemente durch Symbole, d. s. gewöhnlich die Anfangsbuchstaben ihrer meistens dem Lateinischen oder Griechischen entnommenen Namen. So ist H das Atomzeichen oder Symbol für Wasserstoff, da ersterer griechisch Hydrogenium (von ὕδωρ, hydor = Wasser und γεννάω gennao = ich erzeuge), also Wasserbildner heisst. Da manche Elemente denselben Anfangsbuchstaben besitzen, so wird ihnen noch ein kleiner zur Unterscheidung hinzugefügt, z. B. Natrium = Na, Nickel = Ni.

Wie man weiss, entsteht beim Auflösen von Zink in Salzsäure Wasserstoff, der gasförmig entweicht, ausserdem noch Zinkchlorid. Man würde daher die Gleichung haben:

Zn (Zink) + 2 HCl (Salzsäure) = H_2 (Wasserstoff) + $ZnCl_2$ (Chlorzink).

Die Gleichung gibt uns aber nicht allein in qualitativer Richtung Aufschluss, sie belehrt uns vielmehr auch über die Mengenverhältnisse, unter welchen oben genannte Körper miteinander reagieren. Man hat nur nötig, in die Gleichung die Atom- bzw. Molekulargewichte der betreffenden Körper einzusetzen; die Summe derselben auf der linken Seite der Gleichung muss dann gleich der Summe derselben auf der rechten Seite sein. Da das Atomgewicht des Zinks (s. d. Atomgewichtstabelle am Schluss des Buches) = 65,37 ist, das des Wasserstoffs 1,008 beträgt, während wir für Chlor den Atomgewichtswert 35,46 finden, so ergibt sich:

1. 65,37 g Zink + 72,936 g Salzsäure (nämlich 2.(1,008 + 35,46) liefern 2,016 g Wasserstoff + 136,29 g Zinkchlorid (65,37 + 2.35,46).

Wie aus der Gleichung ersichtlich, beträgt die Summe sowohl der Glieder rechts als auch der links genau 138,306. Man
sieht hieraus, dass, wie bei jedem chemischen Vorgang, weder
Materie gewonnen worden, noch solche verloren gegangen ist,
Gesetz von der Erhaltung der Materie. Sofern nun
das durch die angeführten Zahlen ausgedrückte Verhältnis der
Gewichtsmengen in unserem gewählten Beispiel gewahrt wird,
ist man auch imstande, durch eine einfache Rechnung dies Verhältnis auf beliebige Gewichtsmengen zu übertragen. Angenommen, wir wollen feststellen, welche Gewichtsmengen von
Salzsäure, Wasserstoff und Chlorzink erhalten werden, wenn
wir nur 20 g Zink nehmen. Man hat dabei nur folgende einfache Überlegung zu machen. Wenn 65,37 g Zink mit 72,936 g
Salzsäure 2,016 g Wasserstoff und 136,29 g Chlorzink liefern,
dann ergibt sich für 1 g Zink:

$$\frac{72,936}{65,37} \text{ g Salzsäure}, \quad \frac{2,016}{65,37} \text{ g Wasserstoff und } \frac{136,29}{65,37} \text{ g Chlorzink.}$$

Daraus folgt für die 20-fache Menge Zink $20 \cdot \frac{72,936}{65,37}$ Salzsäure,

$20 \cdot \frac{2,016}{65,37}$ g Wasserstoff und $20 \cdot \frac{136,29}{65,37}$ g Chlorzink.

Die Gleichung würde dann lauten:

$$2. \quad 20 \text{ g Zink} + 20 \cdot \frac{72,936}{65,37} \text{ Salzsäure} = 20 \cdot \frac{2,016}{65,37} \text{ Wasserstoff}$$

$$+ 20 \cdot \frac{136,29}{65,37} \text{ Chlorzink.}$$

oder: $\underbrace{20 + 22,315}_{42,315} = \underbrace{0,616 + 41,699.}_{42,315}$

Zu ferneren Erläuterungen diene noch folgendes Beispiel.
Es soll berechnet werden, wie gross die theoretischen Gewichtsmengen Zink und Salzsäure sein müssen, um 1 cbm Wasserstoff
zu erzeugen. Da durch unsere Gleichung nur Gewichts-,
aber keine Volumverhältnisse ausgedrückt sind, so ist es zuerst
nötig, für eine 1 cbm Wasserstoff das Gewicht desselben in
Grammen auszudrücken. Ein Liter Wasserstoff wiegt nun
0,09004 g (s. Wasserstoff), 1 cbm Wasserstoff wiegt daher 1000 mal

soviel oder rund 90 g. Da nach der Gleichung 1. zur Bildung von 2,016 g Wasserstoff 65,37 g Zink und 72,936 g Salzsäure erforderlich sind, so braucht 1 g Wasserstoff $\frac{65,37}{2,016}$ g Zink und $\frac{72,936}{2,016}$ g Salzsäure.

Zur Erzeugung von 90 g Wasserstoff muss man daher $90 \cdot \frac{65,37}{2,016}$ g Zink und $90 \cdot \frac{72,936}{2,016}$ g Salzsäure nehmen, wobei ausserdem noch als Nebenprodukt $90 \cdot \frac{136,29}{2,016}$ g Zinkchlorid entstehen. Die Gleichung würde daher jetzt lauten:

$$3. \quad \frac{90 \cdot 65,37}{2,016} \text{ g Zink} + 90 \cdot \frac{72,936}{2,016} \text{ g Salzsäure} = 90 \text{ g Wasserstoff} + 90 \cdot \frac{136,29}{2,016} \text{ g Zinkchlorid.}$$

oder: $\underbrace{2918,3 + 3256,1}_{6174,4} = \underbrace{90 + 6084,4.}_{6174,4}$

In dieser Art und Weise lässt sich jede chemische Gleichung rechnerisch verwerten. Zu beachten ist in dem gewählten Beispiel noch, dass Salzsäure eine Auflösung von Salzsäuregas in Wasser ist, welch letzteres bei der Berechnung in der Praxis natürlich zu berücksichtigen ist. Es ist daher der Gehalt der Salzsäure an Salzsäuregas zu ermitteln, etwa durch Bestimmung des spezifischen Gewichts vermittelst Aräometers. Kennt man das spezifische Gewicht, so kann man einer Tabelle, wie sie sich z. B. in Biedermanns Chemiker-Kalender findet, leicht den wahren Gehalt an Salzsäuregas entnehmen.

Kapitel III.

Die wichtigsten Gasgesetze.

Während nun die Gase in chemischer Beziehung ein verschiedenes Verhalten zeigen, zeigen sie in physikalischer Hinsicht in vielen Fällen mehrfache Übereinstimmung in ihren Eigenschaften. Diese Eigenschaften, die nicht von der stofflichen Natur der Gase abhängen, sondern eine Eigentümlichkeit des Gaszustandes sind, nennt man daher allgemeine oder lateinisch kolligative Eigenschaften.

Wie eingangs gesagt worden war, dehnt sich jedes Gas so lange aus, bis es den ihm ¡zur Verfügung stehenden Raum ausgefüllt hat. Dies Bestreben bezeichnet man auch mit Expansivkraft oder Tension. Umgekehrt sind die Gase in hohem Masse kompressibel, d. h. das Volumen eines Gases lässt sich durch Druck verringern. Es hat sich nun gezeigt, dass den Beziehungen zwischen dem Rauminhalte eines Gases und dem Druck, unter dem es dabei steht, bestimmte Gesetzmässigkeiten zugrunde liegen. Boyle und Mariotte haben letztere in der zweiten Hälfte des 17. Jahrhunderts aufgefunden. Das Boyle-Mariotte sche Gesetz lautet:

Die Volumina, die ein Gas unter verschiedenen Drucken einnimmt, verhalten sich umgekehrt wie die Drucke, konstante Temperatur vorausgesetzt.

Steigert man beispielsweise den Druck, unter dem ein Gas steht, um das Doppelte, so verringert sich das Volumen auf die Hälfte, umgekehrt verringert sich der Druck auf den vierten Teil des ursprünglichen, so nimmt das Gas den vierfachen Raum ein. Bezeichnet man daher den anfänglichen Druck mit p_0 und desgleichen das Volumen mit v_0, den Enddruck und das dabei eingenommene Volumen mit p und v, so hat man die Beziehung:

$$p : p_0 = v_0 : v$$
$$\text{oder: } p \cdot v = p_0 \cdot v_0.$$

Während man früher allgemein annahm, dass das Produkt aus Druck und Volumen einer gegebenen Gasmasse, konstante Temperatur vorausgesetzt, konstant ist, hat sich später, namentlich durch die Versuche von Regnault (Mitte des 19. Jahrhunderts) gezeigt, dass dies nicht genau der Fall ist. Z. B. ist Wasserstoff (s. d.) bei höheren Drucken weniger kompressibel, als dem genannten Gesetz entspricht, hingegen lassen sich andere Gase stärker zusammendrücken. Das Boyle-Mariotte'sche

Gesetz besitzt daher nur annähernd Gültigkeit, wenngleich bei gewöhnlicher Temperatur die Abweichungen von demselben sehr gering sind.

Für diese Abweichungen stellte zuerst der Holländer van der Waals eine Theorie auf. Er nahm an, dass bei höheren Drucken die Anziehung zwischen den einzelnen Molekülen eines Gases immer stärker werde, demnach bei einem von aussen auf das Gas ausgeübten Druck letzterer um den Betrag der Anziehung vermehrt werden müsse; die Grösse dieses Betrages ist nach van der Waals umgekehrt proportional dem Quadrate des Volumens der Gasmasse. Diese für die verschiedenen Gase verschiedene Grösse der Anziehung sei mit a bezeichnet. Man erhält daher:

$$\left(p_0 + \frac{a}{v_0{}^2}\right) v_0 = \left(p + \frac{a}{v^2}\right) \cdot v$$

Ferner ist nach van der Waals von dem Gasvolum der Teil abzuziehen, der dem von den Molekülen selbst eingenommenen Raum entspricht. Setzt man für letzteren b, so ergibt sich für die van der Waals'sche Gleichung die Form:

$$\left(p_0 + \frac{a}{v_0{}^2}\right) \cdot (v_0 - b) = \left(p + \frac{a}{v^2}\right) (v - b),$$

a und b sind für jedes Gas bestimmte Grössen. Für nicht zu stark komprimierte Gase gibt die van der Waals'sche Gleichung über die Beziehungen zwischen Druck und Volum befriedigende Auskunft.

Allgemein ist ferner die Eigenschaft der Gase, sich bei der Erwärmung auszudehnen. Wie Gay-Lussac und gleichzeitig Dalton 1802 entdeckten, beträgt die Ausdehnung für jeden Grad Celsius bei gleich bleibendem Druck rund $\frac{1}{273}$ oder 0,003665 des bei 0° eingenommenen Volumens.

Wenn man daher diesen Ausdehnungskoeffizienten $\frac{1}{273}$ mit α bezeichnet, so beträgt die Ausdehnung für eine beliebige Temperatur t

$$V_t = V_0 (1 + \alpha t).$$

Hat man z. B. ein Gasvolum von 500 ccm Inhalt bei 0^0, so nimmt das Gas bei 20^0 einen Raum ein von

$$V_{20} = 500\,(1 + \frac{1}{273} \cdot 20) = 536{,}6 \text{ ccm.}$$

Umgekehrt verringert sich natürlich auch das Volumen eines Gases bei Abkühlung, und zwar pro 1^0 C um $\frac{1}{273}$, dann ergibt sich die Formel

$$V_t = V_0\,(1 - \alpha\,t).$$

Verbindet man nun das Dalton = Gay-Lussacsche Gesetz mit dem von Boyle-Mariotte aufgefundenen, so erhält man die Gleichung

$$pv = p_0 \cdot v_0\,(1 + \alpha\,t).$$

Aus dem Gesetz von Gay-Lussac = Dalton folgt ferner, dass sich das Volumen eines Gases, wenn man es auf 273^0 C erwärmt, verdoppelt, demnach müsste bei einer Abkühlung auf -273^0 C das Volumen des Gases gleich Null werden. Die Temperatur -273 bezeichnet man mit dem Ausdruck der absoluten Temperatur T, womit natürlich nicht gesagt sein soll, dass es überhaupt keine niedrigeren Temperaturen als -273^0 gibt. Es bedeutet nur, dass unterhalb -273^0 die Körper gasförmig nicht mehr existieren können. Zwischen den Temperaturen nach Celsius-Graden t und der absoluten Temperatur T besteht die Beziehung

$$t = T - 273.$$

Ersetzt man daher in der obigen Gleichung t durch $T - 273$, so erhält man

$$pv = \frac{p_0\,v_0}{273} \cdot T.$$

Oder, wenn man $\frac{p_0 \cdot v_0}{273}$ mit R bezeichnet, so ergibt sich für die sogenannte Clapeyron'sche Gasgleichung:

$$p \cdot v = R \cdot T.$$

Die van der Waals'sche Gleichung erhält daher die Form:

$$\left(p + \frac{a}{v^2}\right)(v - b) = R \cdot T.$$

Im gewöhnlichen Leben versteht man unter einem Gas allgemein jeden luftförmigen Körper. Letztere hat man aber in zwei Klassen zu teilen, in die Dämpfe und eigentlichen Gase. Wenn man Wasser bis zur Siedetemperatur erhitzt, so verwandelt es sich beim gewöhnlichen Atmosphärendruck in Dampf, kühlt sich das Wasser unter die Siedetemperatur ab, so tritt wieder Verflüssigung des Dampfes ein. Festes Jod erhitzt, liefert violetten Joddampf, der sich beim Erkalten zu festem Jod verdichtet. Andererseits, unterwirft man Wasserdampf von der Temperatur des Siedepunkts des Wassers einem Druck, der grösser ist als der Druck der Atmosphäre, so tritt ebenfalls Verflüssigung des Dampfes ein, ohne das man nötig hat, den Wasserdampf abzukühlen.

Anders verhält es sich mit den eigentlichen Gasen. Kohlensäure (CO_2) lässt sich bei 0^0 zu einer Flüssigkeit bei Anwendung eines Druckes von rund $35 \frac{1}{2}$ Atmosphären verdichten, wenn man Sorge trägt, dass die bei der Kompression auftretende Wärme durch äussere Kühlung wettgemacht wird, so dass die Temperatur des Gases während der Drucksteigerung andauernd bei 0^0 liegt. (Bekanntlich tritt bei der Kompression von Gasen Wärme auf, während sie sich umgekehrt bei der Ausdehnung abkühlen.) Bei einer Temperatur von 13^0 C tritt Verflüssigung des Kohlensäuregases ein, wenn man es unter der oben gemachten Voraussetzung konstanter Temperatur einem Druck von rund 49 Atmosphären unterwirft. So lässt sich Kohlensäure bei steigenden Temperaturen verflüssigen, wenn gleichzeitig der Druck erhöht wird. Dies geschieht aber nur bis zu einer bestimmten Temperaturgrenze, die bei rund 31^0 C liegt. Es hat sich nämlich gezeigt, dass, wenn man die Temperatur des Gases über 31^0 C steigen lässt, eine Verflüssigung durch Anwendung selbst der stärksten Drucke sich nicht mehr erzielen lässt. Diese Erscheinung ist sämtlichen Gasen gemeinsam, wobei ein jedes Gas eine eigene bestimmte Temperatur besitzt. Die Temperatur, oberhalb deren keine Verflüssigung mehr eintritt, nennt man die kritische Temperatur, und den Druck, der das betreffende Gas noch gerade unterhalb der kritischen Temperatur zu verflüssigen imstande ist, den kritischen Druck.

Während nun bei einigen Gasen die kritischen Temperaturen verhältmässig hoch liegen, so dass sich dieselben leicht verflüssigen lassen, z. B. beim Kohlensäuregas und beim Chlorgas, liegen die kritischen Temperaturen bei den meisten Gasen weit unter dem Gefrierpunkt. In Verkennung der eben auseinander gesetzten Tatsachen war es ganz natürlich, dass es früher nicht gelungen war, alle Gase zu verdichten. So wandte Natterer (1852) Drucke bis zu 3600 Atmosphären an, ohne dass es ihm gelang, Wasserstoff, Sauerstoff, Stickstoff und noch andere schwer verdichtbare Gase zu verflüssigen, da er diese Gase nicht unter ihre kritische Temperatur abgekühlt hatte. Man glaubte daher allgemein, dass diese Gase überhaupt nicht verflüssigt werden könnten, und nannte sie deshalb permanente Gase, auch vollkommene Gase, im Gegensatz zu den verdichtbaren, die als koërzible Gase bezeichnet wurden. Inzwischen ist es durch die Fortschritte der Kälteindustrie, namentlich durch die Verwendung flüssiger Luft, gelungen, alle überhaupt bekannten Gase zu verdichten, so dass die Bezeichnungen permanente und koërcible Gase nur noch historische Bedeutung besitzen. Durch die kritische Temperatur ist gleichzeitig der Unterschied zwischen Dämpfen und Gasen festgelegt. Unterhalb der kritischen Temperatur existieren die luftförmigen Körper in Dampfform, oberhalb derselben als eigentliches Gas. Im allgemeinen bezeichnet man auch als Dämpfe die luftförmigen Körper, die sich schon beim Abkühlen auf gewöhnliche Temperatur verflüssigen, bzw. nur in der Hitze den luftförmigen Aggregatzustand besitzen. Es sei bei dieser Gelegenheit darauf hingewiesen, dass das, was man gewöhnlich mit Dampf bezeichnet, z. B. jenes den Schornsteinen der Lokomotiven entströmende weisse Gebilde, im physikalischen Sinne nicht als Dampf anzusehen ist. Sofern ein Dampf von vornherein gefärbt ist, wie der schon erwähnte Joddampf, sind die Dämpfe durchsichtig, während jener dem Auge sichtbare sogenannte Dampf der Maschinen aus feinsten Wassertröpfchen besteht, die durch Abkühlung des an sich unsichtbaren Wasserdampfes an der kälteren Luft entstanden sind.

In folgender Tabelle sind die kritischen Daten einiger Gase angegeben:

Körper	Kritische Temperatur	Kritischer Druck
Wasser	+ 365 ° C	200 Atm.
Kohlensäure	+ 31,9 „	77 „
Sauerstoff	— 119 „	51 „
Stickstoff	— 146 „	35 „
Luft	— 140 „	39 „
Wasserstoff	— 240 „	20 „

Wie oben (in Kapitel II) auseinander gesetzt worden war, bestehen nicht allein die zusammengesetzten Körper aus Molekülen, sondern auch in den Elementen finden wir die Atome zu Molekülen vereinigt. Ehe sich diese Tatsache endgültig durchsetzte, bedurfte es einer geraumen Spanne Zeit.

Gay-Lussac war es, der zuerst die Gesetzmässigkeiten studierte, nach denen die Gase sich vereinigen. Er wies unter anderem nach, dass zwei Raumteile Kohlenoxyd und ein Raumteil Sauerstoff sich zu zwei Raumteilen Kohlensäure vereinigten, zusammen mit Alexander von Humboldt, dass zur Bildung von Wasser zwei Raumteile Wasserstoff und ein Raumteil Sauerstoff nötig sind, ferner, dass gleiche Raumteile Wasserstoff und Chlor den gasförmigen Chlorwasserstoff bildeten. Auf Grund dieser experimentell gefundenen Tatsachen folgerte er, dass die Vereinigung der Gase nach einfachen Volumverhältnissen erfolgt, und dass die Gewichte gleicher Volumina sowohl der einfachen als auch der zusammengesetzten Gase, d. h. ihre Gasdichten, sich verhalten wie ihre Verbindungsgewichte bzw. deren einfache Vielfache. Da nun von den Verbindungen des Wasserstoffs mit Chlor nur eine einzige bekannt ist, der Chlorwasserstoff von der Formel HCl, so würden in diesem Falle nach Dalton (s. S. 4) Verbindungsgewicht und Atomgewicht zusammenfallen, so dass auf Grund dieser Tatsache und in Anbetracht des gleichmässigen Verhaltens der Gase, das durch die oben genannten Gesetze von Boyle-Mariotte und Dalton-

Gay-Lussac seinen Ausdruck findet, der Schluss nahe lag, dass gleichgrosse Volumina der verschiedenen Gase die gleiche Anzahl Atome enthielten. Eine Folgerung, die auch von Dalton und Berzelius gemacht, aber von ihnen bald und zwar richtigerweise aufgegeben wurde. Denn angenommen, 1 Volum Wasserstoff, das 100 Atome Wasserstoff (H) enthält, und desgleichen 1 Volum Chlor mit 100 Atomen Chlor (Cl) vereinigten sich zu 2 Volumina Chlorwasserstoff (HCl), so würde, wie aus der Zeichnung 1 hervorgeht, in den entstandenen 2 Volumina

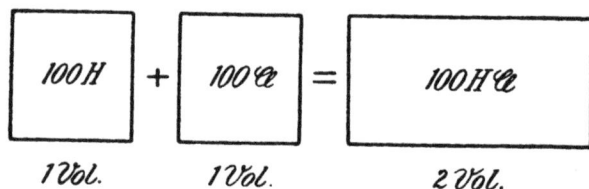

$$\boxed{100H} + \boxed{100Cl} = \boxed{100HCl}$$

$$1\,Vol. \qquad 1\,Vol. \qquad 2\,Vol.$$

Fig. 1.

HCl nur halb soviel Teilchen enthalten sein, als in den beiden einzelnen Volumen, eine Tatsache, die sich mit den geschilderten Gesetzmässigkeiten nicht vereinen lässt. Dieser Widerspruch liess sich aber erklären, wenn man annahm, dass die Gase anstatt aus einzelnen Atomen H bzw. Cl aus Molekülen H_2 bzw. Cl_2 beständen, was zuerst Avogadro 1811 ausgesprochen hat. Wählt man wieder das eben benutzte Beispiel zur Erläuterung, so sieht man jetzt aus Zeichnung 2, dass die Summe der kleinsten

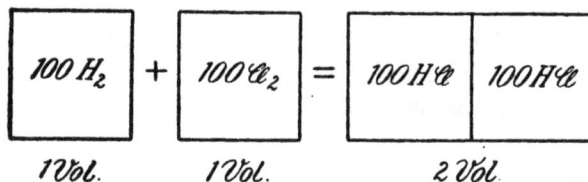

$$\boxed{100\,H_2} + \boxed{100\,Cl_2} = \boxed{100HCl \;|\; 100HCl}$$

$$1\,Vol. \qquad 1\,Vol. \qquad 2\,Vol.$$

Fig. 2.

Teilchen, in diesem Fall der Moleküle, auf beiden Seiten gleich gross ist. Das Gesetz von Avogadro lautet daher:

Unter gleichen Verhältnissen des Drucks und

der Temperatur enthalten gleiche Gasräume der
verschiedenen Gase die gleiche Anzahl Moleküle.
Daraus folgt, die Gasdichten der verschiedenen Gase verhalten sich wie ihre Molekulargewichte.

Drückt man das Molekulargewicht irgendeines Gases in
Grammen aus, so findet man, dass die so bestimmte Gewichtsmenge des Gases einen Raum von 22,4 l einnimmt. So erfüllen
2,016 g Wasserstoff 22,4 l, desgleichen 32 g Sauerstoff. Man
bezeichnet diesen Raum, der von der in g ausgedrückten Menge
des Molekulargewichts eingenommen wird, als das sogenannte
Molvolum. Das Gesetz von Avogadro kann daher
die Fassung erhalten: Das Molvolumen ist für alle
Gase gleich.

Kapitel IV.

Von der Diffusion.

Füllt man einen Luftballon mit Wasserstoffgas oder Leuchtgas, so findet man, dass selbst beim ruhigen Stehen in dem
Ballon nach längerer Zeit die Qualität des Gases sich ver-
schlechtert und die Tragkraft abgenommen hat. Die Ursache
hiervon ist eine Erscheinung, die man mit dem Namen „Diffusion"
bezeichnet. Man kann letztere in zwei Arten zerlegen, in die
freie Diffusion und die Diffusion durch Scheidewände. Die Erscheinung der freien Diffusion lässt sich leicht durch folgenden
Versuch zeigen. Man nehme zwei Glaszylinder, die mit einem
Fuss und eben geschliffenem Rand versehen sind, fülle den
unteren mit Sauerstoff, den oberen mit Wasserstoff und setze
sie beide mit den Rändern aufeinander, so dass man eine allseitig
geschlossene Röhre hat. Nach einiger Zeit findet man dann,
dass sowohl der obere als auch der untere Zylinder ein Gemisch
beider Gase, das sog. Knallgas enthält. Der im oberen
Zylinder zuerst allein vorhanden gewesene Wasserstoff, der fast
16 mal leichter ist als Sauerstoff, hat sich mit letzterem aus

freiem Antrieb, unabhängig von einer äusseren Kraft, vermischt.
Dies lässt sich durch die sog. kinetische Theorie der Gase erklären. Nach dieser befinden sich die Moleküle eines Gases in
gradlinig fortschreitender Bewegung, bis sie durch gegenseitigen
Anprall oder durch Anstoss an die Wände des das Gas ein-
schliessenden Gefässes aus ihrer Richtung gebracht wurden und
eine durch den Anstoss bedingte neue einnahmen. Eine Vermischung zweier Gase wird daher um so schneller stattfinden,
je grösser die Geschwindigkeit ihrer
Moleküle, ihre „Molekulargeschwindigkeit" ist. Da nun die Molekulargeschwindigkeit der Wasserstoffmole-
küle sehr gross ist, sie beträgt rund
1860 m pro Sek., so verläuft die
Diffusion, wenn das eine Gas aus
Wasserstoff besteht, sehr schnell. Die
Erscheinung der Diffusion tritt auch
ein, wenn zwei Gase durch eine
Scheidewand getrennt sind. Man hat
dabei einen Unterschied zwischen sog.
porösen und kolloidalen Scheide-
wänden zu machen. Durch erstere
diffundiert ein Gas um so leichter,
je geringer sein spezifisches Gewicht

Fig. 3.

ist. Dies lässt sich leicht durch
folgenden Versuch zeigen (s. Fig. 3). Ein Tonzylinder wird durch
einen Kork luftdicht verschlossen, was am besten dadurch geschieht,
dass man den Kork 2—3 mm weit in die Zelle hineindrückt und auf
den Kork flüssigen Siegellack giesst. Durch den Kork führt ein
Glasrohr, das durch einen Gummischlauch mit einer etwa zur
Hälfte mit Wasser gefüllten Glaskugel verbunden ist. Letztere
endigt in einem zweimal rechtwinklig gebogenen Glasrohr, das
an seinem Ende zu einer feinen Spitze ausgezogen ist. Stülpt
man ein mit Wasserstoff gefülltes Gefäss (Becherglas) über die
Tonzelle, so durchdringt der Wasserstoff dieses poröse Material,
der Gasdruck in der Kugel steigt und das Wasser spritzt in

feinem Strahl aus der Öffnung des Glasrohres heraus. Nach Graham verhalten sich hierbei die Diffusionsgeschwindigkeiten der Gase umgekehrt wie die Quadratwurzeln ihrer spezifischen Gewichte. Daher durchdringt Wasserstoff, der 16 mal leichter ist als Sauerstoff, eine solche poröse Scheidewand viermal schneller als dieser. Anders verhält es sich mit der Diffusion der Gase durch die kolloidalen Scheidewände, z. B. durch Kautschuk. In diesem Fall diffundiert z. B. ein spezifisch schwereres Gas wie Kohlensäure schneller als der spezifisch leichtere Wasserstoff. Die Diffusionsgeschwindigkeit ist hierbei abhängig von der Löslichkeit der Gase im Kautschuk. Folgende Tabelle[1]) gibt einige vergleichende Zahlen über die Diffusionsgeschwindigkeiten verschiedener Gase wieder:

Gas:	Zeit, die für die Diffusion gleich. Vol. nötig.
Stickstoff	13,59
Kohlenoxyd	12,20
Luft	11,85
Aethylen	6,33
Sauerstoff	5,32
Wasserstoff	2,47
Kohlensäure	1

Man bezeichnet diese Art von Diffusion auch mit dem Namen Penetration. Vgl. dazu die Abhandlung „Untersuchungen über die Veränderung von Wasserstoff in Gasballonen" von Caro und Schück, Deutsche Zeitschrift für Luftschiffahrt XV, Nr. 8 S. 7.

---

[1]) Nach Emden, Physikalische Eigenschaften der Gase in Moedebecks Taschenbuch für Flugtechniker und Luftschiffer. Kap. 1. (M. Krayn, Berlin W 57.)

Kapitel V.

Spezifisches Gewicht, Dichte, spezifisches Volum, Gasdichten.

Unter dem spezifischen Gewicht eines festen oder flüssigen Körpers versteht man die Zahl, welche angibt, wieviel mal schwerer der Körper ist als ein gleich grosses Volumen Wasser, dessen Temperatur 4° C beträgt. Ist z. B. das spezifische Gewicht des Aluminiums = 2,67, so bedeutet es, a Raumteile Aluminium sind 2,67 mal so schwer als a Raumteile Wasser, d. h. da 1 ccm Wasser (4° C) 1 g wiegt, so wiegt 1 ccm Aluminium 2,67 g. Statt der Bezeichnung „Spezifisches Gewicht" ist auch der Ausdruck „Volumgewicht" gebräuchlich.

Unter der Dichte eines Körpers versteht man die Masse desselben in der Volumeinheit. Ein Körper besitzt daher eine um so grössere Dichte, je schwerer ein bestimmtes Volumen desselben ist. 1 Raumteil Aluminium ist daher 2,67 mal dichter als ein gleicher Raumteil Wasser.

Spezifisches Gewicht und Dichte fallen ihrem numerischen Werte nach zusammen.

Der umgekehrte Wert der Dichte ist das spezifische Volumen, also das Volumen der Masseneinheit. Bei den Gasen gibt das spezifische Volumen daher den Raum an, den 1 g des Gases unter den sogenannten Normalbedingungen einnimmt. Da wir gesehen haben, dass die Gase in hohem Masse dem Einfluss von Druck und Temperatur unterliegen, so ist man übereingekommen, dieselben unter bestimmten Bedingungen zu vergleichen, den Normalbedingungen, d. h. bei einer Temperatur von 0°, einem Barometerstand von 760 mm, in Meereshöhe und bei einer geographischen Breite von 45°. Da unter diesen Bedingungen 1 ccm Luft 0,0012928 g wiegt, so ergibt sich das spezifische Volum zu $\frac{1}{0,0012928} = 773,4$, d. h. 1 g Luft nimmt einen Raum von 773,4 ccm, also etwa 0,77 Liter ein.

Die auf Wasser = 1 bezogenen spezifischen Gewichte oder Dichten der Gase sind nun sehr klein, für Wasserstoff ergibt sich z. B. die Zahl 0,00009004. Es ist daher zweckmässiger, die Dichten der Gase auf ein Gas zu beziehen. Man kann dabei als Vergleichsstoff die Luft wählen oder auch den Wasserstoff, als das leichteste aller Gase, und setzt deren Dichten gleich 1.

In neuerer Zeit zieht man es auch vor, die Dichten der Gase auf Sauerstoff zu beziehen, dessen Dichte man gleich 32 setzt. Folgende Tabelle veranschaulicht die Beziehungen zwischen den Dichten einiger Gase, ihren Gasdichten, und zwar bezogen auf die drei genannten Vergleichsstoffe einerseits und ihrem Molekulargewicht, sowie ihrem absoluten Gewicht, d. h. dem Gewicht eines Liters des betreffenden Gases bei den Normalbedingungen andererseits.

Tabelle.

Gas	Luft = 1	Wasserstoff = 1	Sauerstoff = 32	Molekulargewicht	Absol. Gewicht
Luft	1	14,77	28,95	—	1,2928 g
Sauerstoff	1,105	16	32	32	1,4292 „
Stickstoff	0,970	14,01	28,02	28,02	1,2506 „
Wasserstoff	0,0696	1	2,02	2,02	0,090 „
Kohlensäure	1,53	22	44	44	1,977 „
Kohlenoxyd	0,967	14	28	28	1,251 „

Aus dieser Tabelle ist ersichtlich, dass die auf Wasserstoff gleich 1 bezogenen Gasdichten halb so gross wie die Molekulargewichte sind, d. h. die Molekulargewichte sind in diesem Fall gleich der doppelten Gasdichte. Bezieht man dagegen die Gasdichten auf Sauerstoff = 32, so fallen die Gasdichten mit den Molekulargewichten zusammen. Die Gasdichten geben daher das Verhältnis wieder zwischen den Gewichten gleich grosser Volumina der verschiedenen Gase. Z. B. verhält sich das Gewicht eines Liters Sauerstoff zu dem eines Liters Stickstoff wie 32 : 28,02, oder in das g-System übertragen, 32 g Sauerstoff nehmen denselben Raum ein wie 28,02 g Stickstoff, nämlich

22,4 Liter. Denn 1,4292 g Sauerstoff nehmen 1 Liter ein, 32 g daher $\frac{32}{1,4292} = 22,4$ Liter. Für Stickstoff ergibt sich $\frac{28,02}{1,2506} = 22,4$ Liter.

Damit hat man den Ausdruck für das schon oben erwähnte Molvolum.

Kapitel VI.

Auftrieb von Gasen, Bestimmung desselben.

Nach dem Prinzip des Archimedes verliert ein Körper beim Eintauchen in eine Flüssigkeit scheinbar soviel an Gewicht, als das Gewicht der von ihm verdrängten Flüssigkeitsmasse beträgt.

Man kann dabei drei Fälle unterscheiden. Das Gewicht des Körpers ist grösser als das eines ihm gleichen Volums der Flüssigkeit. Dann wird der Körper in die Flüssigkeit eingetaucht, scheinbar um soviel leichter, als die Masse der Flüssigkeit wiegt, die er verdrängt, aber untersinken.

Ferner kann der Körper dasselbe Gewicht besitzen, wie das von ihm verdrängte Flüssigkeitsvolumen. Dann wird der Körper in der Flüssigkeit schweben.

Schliesslich kann das Gewicht des Körpers kleiner sein als die Gewichtsmenge der Flüssigkeit, deren Volumen so gross ist als sein eigenes. In diesem Fall wird die Flüssigkeit dem Körper einen Auftrieb geben, der Körper wird beim Eintauchen in die Flüssigkeit einen Wiederstand erzeugen, dessen Grösse bestimmt ist durch die Gewichtsdifferenz, die sich ergibt aus dem wahren Gewicht des Körpers vor dem Eintauchen und seinem scheinbaren Gewicht nach dem Eintauchen in die Flüssigkeit. Der „Auftrieb" ist deshalb gleich der Differenz des Gewichtes der Flüssigkeit vom Volumen des Körpers und dem Körpergewicht selbst. Die Gesetze gelten auch für Gase. Füllt man daher einen Ballon von rund 1 cbm Inhalt mit einer gasförmigen Flüssigkeit, wie man auch statt Gas sagen kann, die leichter ist als die gasförmige Flüssigkeit, die uns in Form von Luft umgibt, z. B. mit Wasserstoff, so wird, da 1 cbm Luft 1,293 kg wiegt, dem Ballon von 1 cbm Inhalt ein Auftrieb erteilt, der sich ergibt zu 1,293—0,090 = 1,203 kg, d. h. 1 cbm reiner Wasserstoff, dessen Gewicht 0,090 kg beträgt, besitzt eine Tragkraft von rund 1,2 kg. Kennt man nicht das absolute Gewicht des Füllgases, sondern nur sein spezifisches Gewicht in bezug auf Luft, so lässt sich das absolute Gewicht des betreffenden Gases berechnen nach der Formel:

Absol. Gew. = 1,293 . spezifischem Gewicht.

Beispiel: Bekanntlich ist das spezifische Gewicht des Leuchtgases nicht konstant, sondern wechselnd. Es schwankt ungefähr zwischen 0,37 und 0,52. Absolutes Gewicht und Auftrieb sollen in beiden Fällen berechnet werden.

a) 1,293 . 0,37 = 0,478 kg (rund),
Auftrieb daher = 1,293—0,478 = 0,815 kg pro 1 cbm

b) 1,293 . 0,52 = 0,672 kg (rund),
Auftrieb daher = 1,293—0,672 = 0,621 kg pro 1 cbm
Differenz = 0,194 kg pro 1 cbm.

Aus dem angeführten Beispiel geht deutlich hervor, dass der Auftrieb eines Gases um so grösser ist, je geringer sein spezifisches Gewicht ist. Für den Luftschiffer ist es daher sehr wesentlich, eine Methode zu besitzen, die gestattet, in möglichst kurzer Zeit das spezifische Gewicht des Füllgases zu bestimmen und daraus den Auftrieb zu berechnen. Ein solches Verfahren, das für praktische Zwecke genügend genaue Resultate ergibt, besitzen wir in der Bestimmung des spezifischen Gewichtes von Gasen vermittelst des Schillingschen Apparates.

Das Prinzip dieses Apparates beruht auf der von Bunsen festgestellten Tatsache, wenn gleiche Volumina verschiedener Gase unter gleichen Bedingungen des Drucks und der Temperatur aus einer möglichst feinen Öffnung austreten, sind die Quadrate der Ausflusszeiten dieser Gase den spezifischen Gewichten der Gase direkt proportional. Bezeichnet man z. B. die Ausflusszeit des einen Gases mit t_1, die des anderen mit t_2, die spezifischen Gewichte mit d_1 und d_2, so hat man:

$$t_1{}^2 : t_2{}^2 = d_1 : d_2.$$

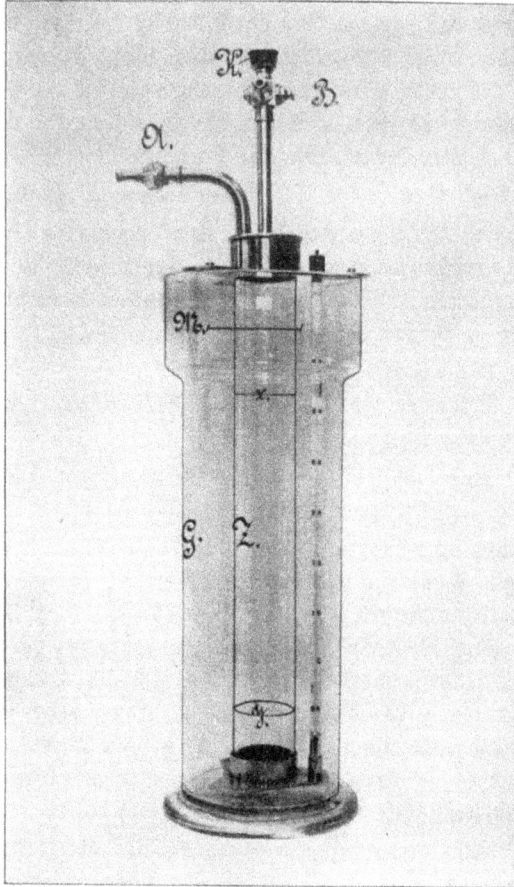

Fig. 4.
Apparat von Schilling.

Da d_1 (spezifisches Gewicht der Luft) $= 1$ ist, so ergibt sich

$$t_1{}^2 : t_2{}^2 = 1 : d_2$$

oder $d_2 = \dfrac{t_2{}^2}{t_1{}^2}$

Zum Messen der Ausflusszeiten bedient man sich einer Stoppuhr.

Der Schillingsche Apparat (s. Fig. 4) selbst besteht aus 2 Hauptteilen, dem äusseren gekröpften gläsernen Standzylinder G und dem inneren Glaszylinder Z. Durch eine Metallfassung am oberen Ende und durch einen Metallfuss am unteren wird Z

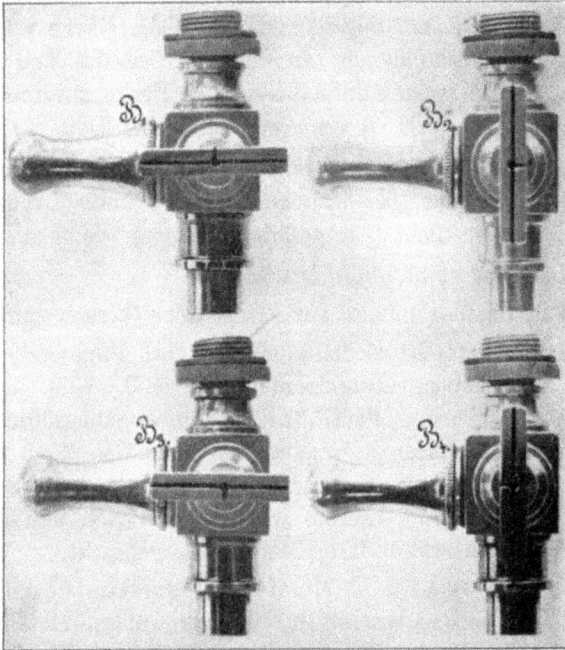

Fig. 5.

zu G in konzentrischer Lage gehalten. Die obere Metallfassung trägt noch das Gaszuführungsrohr mit Hahn A und das Gasausströmungsrohr mit Dreiweghahn B, dessen vier mögliche Stellungen in Fig. 5 vergrössert dargestellt sind. Die Kappe K dient zum Schutz der Ausströmungsöffnung, d. i. ein äusserst feines Loch in einem Platinplättchen, falls der Apparat nicht benutzt wird. Ein Thermometer gestattet die Bestimmung der Temperatur des ausströmenden Gases.

Der oben ausgebauchte Zylinder G des Schillingschen Apparates (Fig. 4) wird mit Wasser bis zur Marke M gefüllt, der Zylinder Z, nach Entfernung der aufgeschraubten Schutzkappe K, Schliessen des Hahnes A und Stellen des Hahnes B, wie Bild B_1 in Fig. 5 angibt, in den Zylinder G gesetzt. Die aufgezogene, arretierte Sekundenuhr wird zur Hand genommen nnd Hahn B in Stellung B_2 gebracht. Sobald der untere dunkle Meniskus des in Z aufsteigenden Wassers die Marke y erreicht hat, wird die Sekundenuhr in Tätigkeit gesetzt und wieder arretiert, sobald gedachter Meniskus die Marke x erreicht hat. Die so gefundene Zeit ist die Ausflusszeit der Luft, t_1.

Zur Bestimmung der Ausflusszeit des zu untersuchenden Gases verfährt man, je nachdem dasselbe unter Druck steht (Gasflasche) oder nicht (aus gefülltem Ballon) wie folgt:

a) Das Gas steht unter Druck.

1. Prüfung des Inhalts einer Gasflasche (Wasserstoffbombe).

Auf die Gasflasche wird ein Reduzierventil aufgesetzt, welches das Gas unter einem Druck von höchstens 0,1 Atm. austreten lässt. Man öffnet das Ventil, dessen Ausströmungsöffnung mit einem Schlauch versehen ist und lässt das Gas 2—3 Minuten ausströmen, um die Luft aus dem Ventil und dem Schlauch völlig zu verdrängen. Hierauf wird der Schlauch bei A aufgesetzt, A geöffnet, Hahn B in Stellung B_4 gebracht.

Man lässt wieder 2—3 Minuten Gas durchtreten, gibt dann Stellung B_1, bis das Wasser in Z bis zur unteren Metallfassung verdrängt ist. Dann wird A geschlossen, B in Stellung B_4 gebracht, bis das Wasser in Z die oben vorgeschriebene Höhe erreicht hat. Dann wieder Stellung B_1 Öffnen von A und das Füllen und Entleeren des Zylinders Z in der beschriebenen Art 8—10 mal wiederholen. Hat man schliesslich Z wieder bis zur unteren Metallfassung mit dem zu untersuchenden Gase gefüllt, so wird A geschlossen, die Sekundenuhr zur Hand genommen, B in Stellung B_2 gebracht und nunmehr die Ausflusszeit des Gases genau so, wie oben bei der Bestimmung der Ausflusszeit der Luft beschrieben, festgestellt. Man erhält so t_2.

2. Prüfung von Leuchtgas oder des Inhalts eines Gassackes. Der Gassack wird auf eine flache Unterlage (Tisch) gelegt, mit einem Brett überdeckt und dieses durch Aufhetzen von Gewichten mässig (2—3 kg) beschwert. Über das Austrittsrohr des Sackes oder der Leuchtgasleitung wird ein Schlauch gezogen, dieser ungefähr 1 Min. durch Durchtretenlassen des Gases ausgespült, mit dem Apparat bei Hahn A verbunden und nunmehr, wie unter a 1. beschrieben, Z in angegebener Weise ausgespült und gefüllt. Sonst wie oben.

b) Das Gas steht nicht unter Druck. Prüfung des Inhalts eines Ballons.

Will man den Inhalt eines Ballons untersuchen, so führt man eine möglichst leichte Stange, die mit einer Masseinteilung versehen ist und an der sich ein Schlauch oder ein Aluminiumrohr befindet, in den Ballon bis zu der Höhe ein, aus der man das Gas entnehmen will. Auch hier wird der Schlauch oder das Aluminiumrohr mit dem Apparat verbunden. Zunächst ist A geschlossen und B in Stellung B_1. Nunmehr wird A geöffnet, der Zylinder Z gehoben bis der obere Rand der unteren Metallfassung von Z knapp unter dem Wasserspiegel von G steht. Hierdurch wird das Gas in Z eingesaugt. Nunmehr wird A geschlossen, Z vorsichtig in G eingesetzt, B in Stellung B_4 gebracht, bis das Wasser in Z, wie unter a 1. angegeben, bis zu der Ausbauchung von G getreten ist. Dann B in Stellung B_1 gebracht, A geöffnet, Z in der eben beschriebenen Weise gehoben, A geschlossen, Z wieder in G eingesetzt, B in Stellung B_4 gebracht, und dieses Aussaugen und Ausströmenlassen des Gases in Z 15—20 mal wiederholt.

Nachdem Z schliesslich bis zur unteren Metallfassung mit Gas gefüllt, A geschlossen und Z wieder vorsichtig in G eingesenkt wurde, wird die Sekundenuhr zur Hand genommen, B in Stellung B_2 gebracht und die Ausflusszeit von der Marke y bis Marke x ermittelt. Man erhält so die gesuchte Zeit t_2.

Anm. Es ist darauf zu achten, dass bei allen Bestimmungen kein Wasser aus G verloren geht. Nach Beendigung der Untersuchung wird das Wasser aus dem Apparat ausgegossen, derselbe gesäubert und die Kappe k aufgeschraubt.

Für sehr genaue Bestimmungen müssen die mit Hilfe des Schillingschen Apparates erhaltenen spezifischen Gewichte feuchter Gase auf solche trockener Gase umgerechnet werden. Bezeichnet man das Gewicht 1 cbm mit Wasserdampf gesättigter Luft mit L, das Gewicht des in diesem cbm enthaltenen Wassers mit W, das vermittelst des Schillingschen Apparates gefundene Verhältnis der wassergesättigten Gase mit G, so wird das entsprechende Verhältnis der trockenen Gase durch folgende Formel gegeben:

$$X = G \cdot \frac{L}{L - W} - \frac{W}{L - W}$$

oder $X = G (k_1 - k_2),$

worin $k_1 = \frac{L}{L - W}$ und $k_2 = \frac{W}{L - W}$ für jede Temperatur bestimmte Konstanten bedeuten. k_1 und k_2 werden in ihrer Abhängigkeit von der Temperatur durch folgende Tabelle zum Ausdruck gebracht:

Temperatur	K_1	K_2	Theoretisches Verhältnis des spezifischen Gewichts von reinem feuchten Wasserstoff zu feuchter Luft.
0	1,004	0,004	0,073
1	1,004	0,004	0,073
2	1,004	0,004	0,074
3	1,004	0,005	0,074
4	1,005	0,005	0,074
5	1,005	0,005	0,075
6	1,005	0,006	0,075
7	1,006	0,006	0,075
8	1,006	0,007	0,076
9	1,007	0,007	0,076
10	1,008	0,008	0,077
11	1,008	0,008	0 077
12	1,009	0,009	0,078
13	1,010	0,010	0,078
14	1,010	0,010	0,079
15	1,010	0,011	0,080

Temperatur	K_1	K_2	Theoretisches Verhältnis des spezifischen Gewichts von reinem feuchten Wasserstoff zu feuchter Luft.
16	1,011	0,012	0,081
17	1,012	0,013	0,081
18	1,013	0,014	0,082
19	1,014	0,014	0.083
20	1,015	0,016	0,084
21	1,017	0.017	0,085
22	1,018	0,018	0,086
23	1,019	0,019	0,087
24	1,020	0,020	0,088
25	1,021	0,022	0,089

Beispiel: Vermittelst des Schillingschen Apparates seien gefunden worden für die Ausflussgeschwindigkeit von Luft (t_1) 310 Sekunden, für die von Wasserstoff (t_2) 98 Sekunden. Es ist dann $\frac{t_2{}^2}{t_1{}^2} = d_2 =$ dem spez. Gewicht von Wasserstoff.

Also $d_2 = \frac{98^2}{310^2} = \left(\frac{98}{310}\right)^2$. Nun ist $98 : 310 = 0,315$, und $(0,315)^2 = 0,099$. Aus dem spezifischen Gewicht des Wasserstoffs 0,099 ergibt sich das Gewicht 1 cbm Wasserstoff durch Multiplikation dieser Zahl mit 1,293 kg, d. h. dem Gewicht 1 cbm Luft. Man erhält: $1,293 \cdot 0,099 = 0,128$ kg. 1 cbm eines solchen, nicht reinen Wasserstoffs wiegt also 128 g, sein Auftrieb beträgt daher $1,293 - 0,128 = 1165$ g pro cbm. Da der Auftrieb chemisch reinen Wasserstoffs $1,293 - 0,090 = 1,203$ kg pro cbm beträgt, so würde ein mit letzterem gefüllter Ballon von 1200 cbm Inhalt $1,203 \cdot 1200 - 1,165 \cdot 1200 = 49,6$ kg mehr tragen können, als wenn er mit dem Wasserstoff vom spezifischen Gewicht 0,099 gefüllt wäre. In den folgenden beiden Tabellen [1] sind einige Daten über die Beziehungen zwischen Auftrieb und spezifischem Gewicht von Gasen angegeben.

---

[1] Dieselben sind von Prof. Dr. Nass berechnet und mir freundlichst zur Verfügung gestellt worden.

Spezifisches und absolutes Gewicht, sowie Auftrieb einiger Gemische von Wasserstoff und Luft bei 0° und 760 mm[1].

Volumen-prozent Wasserstoff	Volumen-prozent Luft	Spez. Gewicht	1 cbm wiegt g	Auftrieb von 1 cbm in g
95	5	0,1162	150,18	1142,62
95,5	4,5	0,1115	144,16	1148,64
96	4	0,1069	138,15	1154,65
96,5	3,5	0,1022	132,14	1160,66
97	3	0,0976	126,12	1166,68
97,5	2,5	0,0929	120,1	1172,7
98	2	0,0883	114,1	1178,7
98,5	1,5	0,0836	108,08	1184,72
99	1	0,079	102,07	1190,73
99,5	0.5	0,0743	96,05	1196,75
100	0	0,06965	90,04	1202,76

Zusammenstellung von spezifischem und absolutem Gewicht, sowie vom Auftrieb von Gasen bei 0° und 760 mm.

Spez. Gewicht	1 cbm wiegt g	Auftrieb von 1 cbm in g	Spez. Gewicht	1 cbm wiegt g	Auftrieb von 1 cbm in g
0,50	646,4	646,4	0,25	323,2	969,6
0,49	633,47	659,33	0,24	310,27	982,53
0,48	620,54	672,23	0,23	297.34	995,46
0.47	607,62	685,18	0.22	284,41	1008,39
0,46	594,69	698,11	0.21	271,48	1021,32
0,45	581,76	711,04	0,20	258,56	1034,24
0,44	568,83	723,97	0,19	245,63	1047,17
0,43	555,9	736,9	0,18	232,70	1060,1
0,42	542,98	749,82	0,17	219,77	1073,03

[1] 1 l Wasserstoff von 0°/760 mm = 0,09004 g (Landolt-Börnstein, 1905, Seite 223).

Spez. Gew. des Wasserstoffs bei 0°/760 mm = 0,06965. (Landolt-Börnstein, 1905, Seite 223).

1 l Luft von 0°/760 mm = 1,2928 g (Landolt-Börnstein, 1905, Seite 13).

Spez. Gewicht	1 cbm wiegt g	Auftrieb von 1 cbm in g	Spez. Gewicht	1 cbm wiegt g	Auftrieb von 1 cbm in g
0,41	530,05	762,75	0,16	206,84	1085,96
0,40	517,12	775,68	0,15	193,92	1098,88
0,39	504,19	788,61	0,14	180,99	1111,81
0,38	491,26	801,54	0,13	168,06	1124,74
0,37	478,34	814,46	0,12	155,13	1137,67
0,36	465,41	827,39	0,11	142,20	1150,6
0,35	452,48	840.32	0,10	129,28	1163,52
0,34	439,55	853,25	0,09	116,35	1176,45
0,33	426,62	866,18	0,08	103,42	1189,38
0,32	413,69	879,11	0,07	90.49	1202,31
0.31	400,76	892,04	0,06	77,56	1115,24
0,30	387,84	904,96	0,05	64,64	1228,16
0,29	374,91	917,89	0,04	51,71	1241,09
0,28	361,98	930.82	0,03	38,78	1254,02
0,27	349,05	943,75	0,02	25,86	1266,94
0,26	336,12	956,68	0,01	12,93	1279,87

Aufgabe:

Ein Ballon von 600 cbm mit Scheere am Füllansatz ist bei $0^0/760$ mm mit H_2 gefüllt worden. Wie gross ist: a) der Auftrieb der 600 cbm H_2 und b) wie gross ist der Auftrieb, wenn bei gleichbleibendem Volumen und Druck die Temperatur des Gases auf $20^0/_0$ steigt? Die Lufttemperatur ist in beiden Fällen 0^0.

Lösung:

a) 1 cbm Luft von $0^0/760$ mm wiegt 1293 g

1 cbm H_2 „ „ „ „ $\underline{\hphantom{00} 90 g}$

Auftrieb von 1 cbm H_2 von $0^0/760 = 1203$ g $= 1,2$ kg,

daher haben die 600 cbm H_2 von $0^0/760$ mm 600 . 1,2 = 720 kg.

b) Das Volumen der 600 cbm H_2 von $0^0/760$ mm beträgt bei 20^0:

$V_{20} = V_0 (1 + \alpha t) = 600 (1 + 0,003665 . 20) = 600 (1 + 0,0733) =$

600 . 1,0733 = 643,98 = rund 644 cbm.

Da das Volumen und der Druck gleich bleiben, so entweichen aus dem Ballon also 644 — 600 = 44 cbm, wenn die Gastemperatur von 0^0 auf 20^0 steigt.

Die 644 cbm wiegen natürlich bei $20^0/760$ mm so viel, wie die 600 cbm bei $0^0/760$ mm, d. h. 600 . 90 g. Wenn nun 644 cbm H_2 von $20^0/760$ mm ein Gewicht von 600 . 90 g besitzen, so wiegen die im Ballon verbleibenden 600 cbm H_2 von $20^0/760$ mm: 644 : 600 . 90 = 600 : x;

$$\varkappa = \frac{(600 \cdot 90) \cdot 600}{644} = \frac{54000 \cdot 600}{644} = \frac{3240000}{644} = 50311 \text{ g}$$

= rund 50,3 kg,

600 cbm Luft von 0^0,760 mm wiegen 600 . 1,293 = 775,8 = rund 776 kg

600 „ H_2 von 20^0 760 mm wiegen . . . . rund 50,3 kg.

Also haben 600 cbm H_2 von $20^0/760$ mm einen Auftrieb von 776—50,3 = 725,7 = rund 726 kg, wenn die Luft eine Temperatur von 0^0 besitzt. — Die Differenz des Auftriebes von je 600 cbm H_2 von $0^0/760$ mm und von $20^0/760$ mm ist also = 726 — 720 = 6 kg.

Kapitel VII.

Säuren, Basen, Salze.

In der Chemie unterscheidet man drei grosse Klassen von Verbindungen, die die Namen „Säuren", „Basen" und „Salze" führen. Sie unterscheiden sich von anderen Körpern namentlich dadurch, dass ihre wässerigen Lösungen die Eigenschaft haben, den elektrischen Strom zu leiten. Unter Säuren versteht man Wasserstoffverbindungen, deren Wasserstoff durch Metalle ersetzbar ist. So kann z. B. in der Salzsäure (Chlorwasserstoffsäure, H Cl) das Natrium (Na) die Stelle des Wasserstoffs einnehmen, wobei Kochsalz (Na Cl) entsteht. Je nach der Anzahl der durch Metalle ersetzbaren Wasserstoffatome unterscheidet man (J. Liebig) ein-, zwei-, drei- und mehrbasische Säuren, wie Salpetersäure = HNO_3, Schwefelsäure = H_2SO_4, Phosphorsäure = H_3PO_4. Die Säuren besitzen mehr oder minder sauren Geschmack und haben die Eigenschaft, die blaue Lösung des Lackmusfarbstoffes oder damit getränktes Papier rot zu färben. Unter Basen versteht man die Oxyde oder Hydroxyde der Metalle. Die löslichen unter diesen, z. B. Natriumhydroxyd Na OH (Natronlauge, Seifenstein, Ätznatron) färben rotes Lackmuspapier blau. Ihr Geschmack ist laugenartig. Durch Einwirkung einer Säure auf eine Base entsteht ein Salz. So gibt Salpetersäure HNO_3 mit Natriumhydroxyd salpetersaures Natrium $NaNO_3$ nach der Gleichung

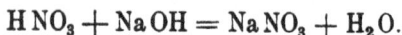

$$HNO_3 + NaOH = NaNO_3 + H_2O.$$

Je nach der Anzahl der durch Metall ersetzten Wasserstoffatome in den Säuren unterscheidet man primäre, sekundäre usw. Salze. Z. B. bildet Schwefelsäure (H_2SO_4) mit Natrium $NaHSO_4$, primäres schwefelsaures Natrium und Na_2SO_4, sekundäres schwefelsaures Natrium.

Ganz kurz möge an dieser Stelle noch der Begriff der Wertigkeit erläutert werden. Sie gibt an, wieviel Wasserstoffatome ein Element im Maximum zu binden vermag. So ist z. B. das gelbgrüne Chlorgas (Cl) einwertig, da man nur eine einzige Verbindung desselben mit Wasserstoff (H) kennt, den Chlorwasserstoff (HCl), dessen wässerige Auflösung unter dem Namen Salzsäure bekannt ist. Sauerstoff vermag im Höchstfall zwei, Stickstoff drei, Kohlenstoff vier Wasserstoffatome zu binden, sie sind also zwei-, drei- und vierwertig. Wenngleich nun, auf Wasserstoff bezogen, die Wertigkeit der Elemente konstant ist, so ist sie doch keine typische Eigenschaft der Elemente. Auf Sauerstoff z. B. bezogen, ist Schwefel im Schwefeldioxyd SO_2 vierwertig (da Sauerstoff selbst zweiwertig ist), im Schwefeltrioxyd SO_3 sechswertig, während er auf Wasserstoff bezogen, zweiwertig ist, H_2S (Schwefelwasserstoff). Näheres siehe Lehrbücher der anorganischen Chemie, z. B. Richter-Klinger, Lehrbuch der anorganischen Chemie, Erdmann, Lehrbuch der anorganischen Chemie.

Teil II.

Kapitel 8

Der Sauerstoff.

Atomzeichen = O, Atomgewicht = 16.00.

Geschichte. Der Sauerstoff wurde zuerst von Scheele (1771 — 1773) und von Pristley (1774) entdeckt und zwar kamen beide Forscher unabhängig voneinander zu dem Resultat der Isolierung des Sauerstoffs. Lavoisier (1774—1781) wies dann nach, welche Rolle der Sauerstoff bei der Verbrennung und Atmung spielt.

Vorkommen. In freier Form findet sich der Sauerstoff auf der Erde in gewaltigen Mengen in der Atmosphäre, die zu 23,2 Gewichtsprozenten bzw. 21 Volumprozenten aus Sauerstoff besteht. In gebundener Form finden wir ihn u. a. im Wasser, das 88,82 Gewichtsprozente Sauerstoff enthält, ferner in der Erdrinde, die grösstenteils aus Metalloxyden und Sauerstoffsalzen zusammengesetzt ist.

Darstellung. Darstellen lässt er sich auf mannigfache Art. So zerfällt rotes Quecksilberoxyd, HgO, wenn man es erhitzt, in metallisches Quecksilber und Sauerstoff nach der Gleichung: $2\,HgO = Hg_2 + O_2$.

Grössere Mengen lassen sich für Laboratoriumszwecke am bequemsten durch Erhitzen eines Gemisches von 1 Teil chlorsaurem Kalium ($KClO_3$, Kali chloricum der Apotheker) und 1 Teil Braunstein (MnO_2, Mangansuperoxyd, Mangandioxyd) herstellen. Das chlorsaure Kalium zerfällt dabei in Chlorkalium (KCl) und

Sauerstoff, $2\,KClO_3 = 2\,KCl + 3O_2$. Der Zusatz von Braunstein hat den Zweck, die Gasentwickelung gleichmässiger und bei niedrigerer Temperatur vor sich gehen zu lassen. Beim Mischen des Kaliumsalzes mit dem Braunstein ist Vorsicht geboten, da bei einer möglichen Verunreinigung des letzteren mit organischen Substanzen das chlorsaure Kalium in Berührung mit diesen explodiert. Man mische deshalb die beiden Substanzen in kleinen Portionen vermittelst einer Federfahne auf einem Stück Papier, nicht etwa in einer Reibschale! Auch überzeuge man sich durch

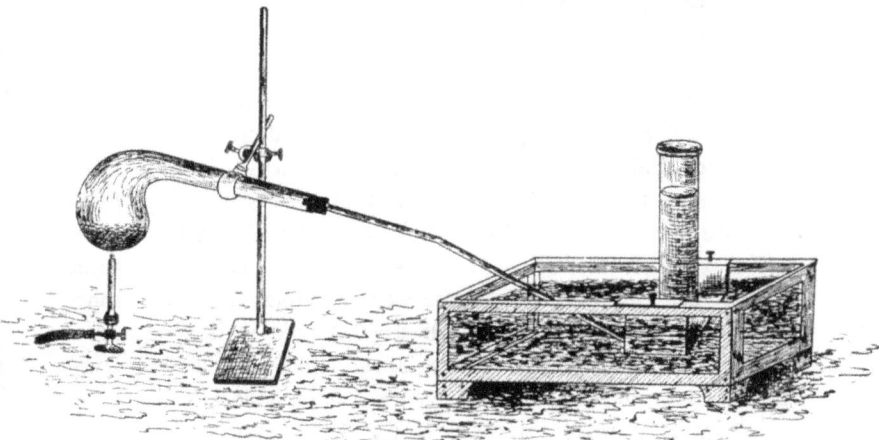

Fig. 6.
Darstellung von Sauerstoff.

Erhitzen einer kleinen Menge in einem Reagenzglase, ob die Gasentwickelung gefahrlos vor sich geht. Das Gemisch fülle man in eine Retorte, s. Fig. 6, die an ihrem Ende einen durchbohrten Kork trägt, durch den ein Gasableitungsrohr zu der pneumatischen Wanne führt. Auf der Brücke der letzteren befindet sich ein umgestülpter, mit Wasser gefüllter Glaszylinder. Wird nun das Gemisch von chlorsaurem Kali und Braunstein gelinde erwärmt, so entwickelt sich Sauerstoff, der sich in dem Zylinder ansammelt. Zweckmässig ist es hierbei, die Retorte auf eine mit Sand gefüllte Schale (Sandbad) zu setzen. Man

3*

vermeidet dadurch ein Überhitzen[1]). 1 g Kaliumchlorat liefert hierbei 274 ccm Sauerstoff. Denn aus der Gleichung $2 KClO_3 = 2 KCl + 3 O_2$ ergibt sich, dass 245,12 g $KClO_3$ 96 g Sauerstoff liefern. Daher gibt 1 g $KClO_3 \dfrac{96}{245,12} = 0,392$ g O_2. Nun nimmt 1 g O_2 699,8 ccm ein (s. unten). 0,392 g O_2 erfüllen deshalb 0,392 . 699,8 = 274 ccm.

Für die technische Darstellung des Sauerstoffes kommt ein anderes von Boussingault aufgefundenes Verfahren in Betracht, das auf der Anwendung von Baryumoxyd (Ba O) beruht. Leitet man nämlich von Kohlensäure und Wasserdampf befreite Luft über Baryumoxyd, welches sich in einer auf dunkle Rotglut erhitzten Porzellanröhre befindet, so nimmt das Bariumoxyd aus der Luft Sauerstoff auf unter Bildung von Bariumsuperoxyd (BaO_2) nach der Gleichung: $2 BaO + O_2 = 2 BaO_2$. Steigert man jetzt die Temperatur auf helle Rotglut, so gibt das Bariumsuperoxyd wieder Sauerstoff ab unter Rückbildung von Bariumoxyd. Wiederholt man die geschilderten Prozesse, so kann man mit ein und derselben Menge Ba O beliebige Mengen Sauerstoff aus der Luft gewinnen. Für die Technik ist dies Verfahren von den Gebrüdern Brin weiter ausgebildet worden. Der erhaltene Sauerstoff besitzt eine Reinheit bis zu 98%.

Sauerstoff entsteht ferner bei der Elektrolyse, z. B. bei der Elektrolyse verdünnter Schwefelsäure. Er scheidet sich hierbei am positiven Pol ab. Siehe hierüber das Kapitel Wasserstoff, S. 76.

Auch aus flüssiger Luft lässt sich Sauerstoff durch fraktionierte Destillation gewinnen, da aus der flüssigen Luft der Stickstoff wegen seines niedrigeren Siedepunkts eher verdampft als der Sauerstoff, so dass schliesslich ein immer sauerstoffreicheres Gemenge zurückbleibt. S. darüber das Kapitel Luft.

Eigenschaften. Sauerstoff ist ein farbloses, geruch- und geschmackloses Gas. Sein Atomzeichen O ist der Anfangs-

---

[1]) Will man den Versuch unterbrechen, so ist der die Verbindung von Einleitungsrohr und Retorte bildende Stopfen zu lüften, damit kein Wasser in die Retorte zurücksteigen kann.

buchstabe des Namens Oxygenium (ὀξύς, oxys = scharf, sauer, γεννάω, gennao = ich erzeuge) = Säurebildner, den ihm Lavoisier gegeben hatte, da er irrtümlich annahm, dass sämtliche Säuren Sauerstoff enthielten. 1 Liter Sauerstoff wiegt bei 0° und 760 mm Druck 1,4292 g (Jacquard und Pintza, Comptes rendus, Paris, 139 [1904] 129). Seine Dichte (spez. Gew.), auf Luft bezogen, ist = 1,105. In Wasser ist er sehr wenig löslich, bei mittlerer Temperatur nimmt 1 Liter Wasser zirka 35 ccm Sauerstoff auf. Leichter löslich ist er in Alkohol, 1 Liter davon löst 284 ccm Sauerstoff. Das Spektrum des Sauerstoffs zeichnet sich durch 4 helle Linien aus. Betrachtet man ein mit Sauerstoff gefülltes Geisslersches Rohr durch einen Spektralapparat, so sieht man eine rote, zwei grüne und eine blaue Linie. Das spezifische Volum beträgt 699,8 ccm. Die kritische Temperatur des Sauerstoffs liegt bei —118,8°, der kritische Druck beträgt hierbei 50,8 Atmosphären. Oberhalb dieser Temperatur ist daher eine Verflüssigung nicht mehr möglich. Je niedriger die Temperatur, desto kleiner kann der für die Verflüssigung nötige Druck sein. Bei gewöhnlichem Atmosphärendruck (760 mm) kann man daher Sauerstoff durch einfache Abkühlung vermittelst flüssiger Luft verflüssigen, da die Siedetemperatur der flüssigen Luft, die bei — 190° liegt, niedriger als die des Sauerstoffs mit —182° ist.

Flüssiger Sauerstoff ist eine schwach blau gefärbte Flüssigkeit, die durch Abkühlung vermittelst flüssigen Wasserstoffs zu einer harten, hellblauen Masse erstarrt (Dewar, The Chemical News, London, 73 [1896] 40). In seinen chemischen Verbindungen ist der Sauerstoff meistens zweiwertig. Er verbindet sich mit den meisten Elementen, besonders in der Wärme, ein Vorgang, der Oxydation genannt wird. Erfolgt die Verbindung unter Feuererscheinung, so nennt man das eine Verbrennung. Schwefel, der an der Luft nur mit schwach blauer Flamme verbrennt, verbrennt in reinem Sauerstoff mit glänzendem blauen Lichte. Sogar Eisen verbrennt in reinem Sauerstoff. Man kann das leicht zeigen, wenn man ein kleines Stück Zunder oder Feuerschwamm an einer ausgeglühten Uhrfeder befestigt.

Taucht man nach Entzünden des Feuerschwammes die Uhrfeder
in eine mit reinem Sauerstoff gefüllte grössere Flasche (ca.
6—8 Liter Inhalt), so verbrennt das Eisen unter Funkensprühen.
Da herabtropfende Eisenkügelchen meist die Flasche zum Zer-
springen bringen, ist es zweckmässig, sie zu $^1/_4$ ihres Inhalts
mit Wasser gefüllt zu lassen.

Die Verbindungen des Sauerstoffes mit den übrigen Elementen
nennt man Oxyde. Schwefel liefert daher bei der Verbrennung
Schwefeldioxyd (SO_2), Eisen Eisenoxyd (Fe_2O_3)[1].

Sauerstoff kommt in Stahlflaschen komprimiert in den Handel.
Er wird mannigfach technisch angewendet. Man benutzt ihn in
Verbindung mit Wasserstoff u. a. zur Beleuchtung durch Kalk-
oder Zirkonlicht, in der Metallurgie zur Erzeugung hoher
Temperaturen, beim autogenen Schweissen und Schneiden, sowie
für viele andere Zwecke. Erwähnt sei noch die Anwendung
für medizinische Zwecke, Sauerstoffinhalationen bei Rauchver-
giftungen und bei Vergiftungs- oder Erstickungsanfällen durch
schädliche Gase (Brunnengase, Leuchtgase) sowie zur Unter-
stützung der Atmung bei Hochfahrten mit Ballonen. Qualitativ
lässt sich sein Nachweis führen durch seine Eigenschaft, einen
glimmenden Holzspan zu entzünden.

Der Sauerstoff tritt noch in einer anderen Modifikation
auf, als Ozon, dessen Molekül aus drei Sauerstoffatomen besteht,
also als O_3 zu schreiben ist. Es entsteht bei der sogenannten
stillen elektrischen Entladung und beim Durchschlagen elektrischer
Funken durch Luft. Der bei einem Blitzschlag auftretende
sog. Schwefelgeruch rührt von der Bildung von Ozon her. Es
bildet sich ferner durch Einwirkung ultravioletter Strahlung auf

---

[1] Eine ebenso grosse Rolle wie bei den Verbindungserscheinungen
spielt der Sauerstoff bei der Atmung, die als ein Oxydationsvorgang zu
betrachten ist. Der eingeatmete Sauerstoff verbrennt gewissermassen den
Kohlenstoff der Stoffe, die sich durch Nahrungsaufnahme im Körper bilden.
Die entstandene Kohlensäure wird dann vom Blut wieder zur Lunge befördert, um ausgeatmet zu werden. Die Pflanzen dagegen nehmen aus
der Luft Kohlensäure auf und geben Sauerstoff ab. Doch gilt dies nur
von den grünen Pflanzenteilen im Lichte.

Sauerstoff oder Luft, z. B. in der unmittelbaren Nähe von Quarz-Quecksilberdampflampen sowie bei zahlreichen Verbrennungsprozessen unter besonderen Bedingungen, desgl. bei der Elektrolyse verdünnter Schwefelsäure. Es besitzt stark oxydierende Eigenschaften, Kautschuk wird z. B. schnell zerstört. Für die Luftschiffahrt ist es deshalb nur von Vorteil, dass es in der Luft nicht vorkommt (die ev. durch den Blitz gebildeten geringen Ozonmengen bilden sich sehr bald in Sauerstoff zurück, $2O_3 = 3O_2$).

Kapitel IX.

Der Stickstoff.

Atomzeichen $= N$, Atomgewicht $= 14,01$.

Geschichte. Der Stickstoff wurde zuerst von Scheele isoliert. Rutherford zeigte 1772, dass der Stickstoff eine besondere Luftart sei, die die Verbrennung nicht unterhält und zum Atmen untauglich ist. Letztere Eigenschaft hat genanntem Gas den Namen Stickstoff verschafft, da alles Lebende in ihm erstickt[1]. Das Atomzeichen N ist der Anfangsbuchstabe von Nitrogenium, Nitrum = Bezeichnung für Salpeter, der ja Stickstoff enthält, im Mittelalter und γεννάω (griech.) = ich erzeuge.

Vorkommen. Er findet sich wie Sauerstoff in gewaltiger Menge in der Atmosphäre. Rund ⁴/₅ Raumteile der Luft bestehen aus Stickstoff. In freier Form findet er sich auch noch in Quellgasen, ferner in Gasquellen und in vulkanischen Gasen. In gebundener Form bildet er einen wesentlichen Bestandteil der Eiweissstoffe, die ungefähr 15—17,6% Stickstoff enthalten. Von den anorganischen stickstoffhaltigen Verbindungen seien erwähnt die Salpetersäure (HNO_3) und ihre Salze (Salpeterlager in Chile), sowie das Ammoniak (NH_3), in wässeriger Lösung

---

[1] Diese Eigenschaft ist natürlich nicht bloss für Stickstoff charakteristisch, wie ja z. B. auch in Wasserstoff oder Kohlensäure alles Lebende ersticken würde.

auch Salmiakgeist genannt, sowie dessen Abkömmlinge, z. B.
NH_4Cl, Chlorammonium (Salmiak) und NH_4NO_3, Ammoniumnitrat,
salpetersaures Ammoniak.

Darstellung. Aus Luft lässt sich Stickstoff gewinnen durch
Überleiten derselben über glühendes Kupfer (Cu). Der Sauerstoff der Luft verbindet sich dabei mit dem Kupfer zu Kupfer-
oxyd nach der Gleichung

$$2\,Cu + O_2 = 2\,CuO.$$

Allerdings ist der Stickstoff nicht ganz rein, da, wie im
Kapitel Luft gezeigt werden wird, die Luft ausser Sauerstoff
und Stickstoff auch noch andere Gase, wenn auch in geringer
Menge, enthält. Bequem und in reiner Form erhält man
Stickstoff durch Erhitzen einer konzentrierten wässerigen Lösung
von Ammoniumnitrit, salpetrigsaurem Ammoniak, NH_4NO_2. Dieser
Körper zerfällt dabei in Wasser und Stickstoff:

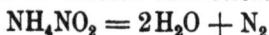

$$NH_4NO_2 = 2\,H_2O + N_2$$

Anstatt des Ammoniumnitrits benutzt man noch besser eine
Mischung von 1 Teil Kaliumnitrit und 1—2 Teilen Ammonium-
chlorid, gelöst in 5 Teilen Wasser.

Eigenschaften. Stickstoff ist ein farb- und geruchloses,
sowie geschmackloses Gas. Ein Liter reinen Stickstoffs wiegt
1,2506 g (Rayleigh und Ramsay 1894). Da der tausendste
Teil dieser Zahl das spezifische Gewicht des Stickstoffs auf
Wasser $= 1$ bezogen angibt, so ist das spezifische Volumen gleich
dem umgekehrten Wert dieser Zahl, d. h. $\dfrac{1}{0,0012506} = 799{,}6$ ccm,
oder 1 g Stickstoff nimmt rund 0,8 Liter Raum ein. Seine
kritische Temperatur beträgt nach Dewar —146°, der kritische
Druck 35 Atmosphären. Bei —193° verflüssigt sich der Stickstoff schon beim Druck von 1 Atm. (Wroblewski). Der
Siedepunkt liegt daher bei —193°. Flüssiger Stickstoff ist
eine klare, farblose und leicht bewegliche Flüssigkeit. In Wasser
ist Stickstoff nur wenig löslich. 1 Liter löst bei 10° rund 16 ccm.
Wasser, welches mit Luft in Berührung gestanden hat, ist daher
sauerstoffreicher (s. Sauerstoff). In chemischer Beziehung ist
elementarer Stickstoff sehr wenig reaktionsfähig. Direkt ver-

bindet er sich nur mit wenigen Metallen, z. B. bildet sich beim Erhitzen von Magnesium in Stickstoff das Stickstoffmagnesium. Mit Sauerstoff verbindet er sich erst bei sehr hoher Temperatur, u. a. durch den elektrischen Funken. Hierauf sind die geringen Mengen von Ammoniumnitrit NH_4NO_2 zurückzuführen, die sich bei Gewittern bilden.

Kapitel X.

Die Luft.

Geschichte. Im Altertum und noch bis in das Mittelalter hinein galt die Luft als ein einheitlicher Stoff. Erschüttert wurde diese Annahme u. a. durch das Verhalten eines bestimmten Luftvolumens, wenn in ihm gewisse Metalle erhitzt wurden. Boyle (1626—1691) vermutete auf Grund experimenteller Unterlagen richtig, dass ein Teil der Luft zum Atmen, sowie zur „Verkalkung" (Oxydation) der Metalle nötig sei. Es gelang jedoch weder Boyle noch Mayow, der ebenfalls einen Spiritus igno-aëreus, d. h. eine zur Verbrennung nötige Luftart annahm, diesen Bestandteil der Luft zu isolieren. Erst Scheele und Priestley fanden, dass die Atmosphäre aus zwei verschiedenen Luftarten bestehe, sie stellten auch den Sauerstoff her, vermochten jedoch keine richtige Erklärung über die Verbrennungserscheinungen, sowie über den Atmungsprozess zu geben. Beide waren noch Anhänger der sogenannten „Phlogistontheorie," die um 1700 von Becher aufgestellt und von seinem Schüler Stahl weiterentwickelt worden war. Nach dieser Theorie sollten alle brennbaren Körper aus dem sogenannten Phlogiston (dem Brennbaren, $\varphi\lambda o\gamma\acute{\iota}\_{\varepsilon}\iota\nu$, phlogizein griech. = brennen) und einem unverbrennbaren Bestandteil zusammengesetzt sein. Die Körper mussten also bei der Verbrennung leichter werden. Da zeigte Lavoisier, dass das Gegenteil der Fall war. Er erhitzte eine bestimmte Menge Zinn in einem vorher ebenfalls gewogenen Kolben, der luftdicht verschlossen war. Nachdem das Zinn sich genügend oxydiert hatte, wog er den Kolben nach dem Erkalten. Er fand dasselbe Gewicht, aber nach dem Öffnen desselben strömte Luft ein, der Kolben wog jetzt mehr. Das Zinn hatte also beim Erhitzen einen Stoff aus der Luft aufgenommen, nicht abgegeben, wie es die Phlogistontheorie erforderte. So ist Lavoisier der Begründer der heutigen Verbrennungstheorie geworden. Wir wissen jetzt, dass alle Körper bei der Verbrennung, die auf der Aufnahme von Sauerstoff beruht, schwerer werden. Dasselbe ist der Fall bei der Oxydation der Körper, die man als eine Verbrennung ohne Feuererscheinung betrachten kann, z. B. beim Rosten des Eisens.

Zusammensetzung. In der Hauptsache besteht die Luft aus $^4/_5$ Raumteilen Stickstoff und $^1/_5$ Raumteil Sauerstoff. Dumas und Boussingault (1841) fanden u. a., indem sie den Luftsauerstoff durch glühendes Kupfer absorbierten, dass 100 Gewichtsteile Luft 23,01 Gewichtsprozente Sauerstoff und 76,99 Gewichtsprozente Stickstoff oder 20,81 Volumprozente Sauerstoff und 79,19 Volumprozente Stickstoff enthielten. Bunsen bestimmte den Sauerstoffgehalt der Luft nach einem anderen Verfahren. In einem mit einer genauen Teilung versehenen Glasrohr, Eudiometer genannt, das an seinem oberen Ende zwei eingeschmolzene Platindrähte enthält (s. Fig. 7 u. 8), wird über Quecksilber ein bestimmtes Luftvolumen abgemessen. Dann wird eine bestimmte Menge Wasserstoff hinzugefügt und nun lässt man den elektrischen Funken zwischen den beiden Drähten überspringen, indem man dieselben z. B. mit der sekundären Wickelung eines Induktionsapparates verbindet. Der Wasserstoff verbindet sich hierbei unter Verpuffung mit dem Sauerstoff der Luft, wobei Wasser entsteht,

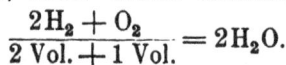

$$\frac{2\,H_2 + O_2}{2\;\text{Vol.} + 1\;\text{Vol.}} = 2\,H_2O.$$

Der von letzterem eingenommene Raum ist praktisch gleich Null. Hat man nun a Raumteile des Luft-Wasserstoffgemenges angewendet und findet man, dass das Gesamtvolum nach der Explosion b Raumteile beträgt, so erhält man aus $a - b = c$

die Raumteile c des Gasgemenges, die unter Wasserbildung verschwunden sind. Da nach der oben angeführten Gleichung zur Wasserbildung 2 Volume Wasserstoff und 1 Volum Sauerstoff, insgesamt 3 Volume der beiden Gase nötig sind, so entspricht der dritte Teil von c dem zur Wasserbildung benutzten Sauerstoff.

Beispiel: Abgemessen seien 60 ccm Luft und 30 ccm Wasserstoff. Nach der Verpuffung beträgt das Volum 52,2 ccm.

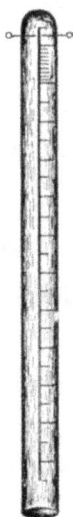

Fig. 7.
Eudiometer.

Fig. 8.
Eudiometer mit Quecksilberwanne.

Dann sind $90 - 52,2 = 37,8$ ccm unter Wasserbildung verschwunden. Der dazu nötige Sauerstoff ergibt sich zu $\dfrac{37,8}{3}$ $= 12,6$ ccm, die in 60 ccm Luft enthalten sind. In 100 ccm Luft befinden sich dann $\dfrac{12,6 \cdot 100}{60}$ oder rund 21 ccm Sauerstoff. Den Rest als Stickstoff angenommen, würde die Luft also aus 21 Volumen Sauerstoff und 79 Volumen Stickstoff bestehen. Um ein möglichst genaues Resultat zu erhalten, ist darauf zu achten, dass beim Ablesen der Gasvolume das Quecksilber in dem Eudiometer und in der Wanne gleich hoch steht. Setzt man in die (in Kapitel 3 entwickelte) Gleichung $pv = p_0 v_0$ $(1 + \alpha t)$ für p_0 den normalen Barometerstand von 760 mm ein, so hat man die Beziehung $v_0 = \dfrac{v \cdot p}{760\,(1 + \alpha t)}$, d. h. das Volumen v_0 gibt das Volum des Gases unter den Normalbedingungen an, wenn man für p den während des Versuchs herrschenden Barometerstand, für v das abgelesene Volumen und für t die beobachtete Temperatur einsetzt.

Diese Voraussetzungen gelten jedoch nur beim Arbeiten mit trockenen Gasen. Hat man feuchte Gase, z. B. wenn man als Absperrflüssigkeit Wasser statt Quecksilber benutzt, so ist noch der Druck (Tension) des Wasserdampfes bei der betreffenden Temperatur zu berücksichtigen. Bezeichnet man ihn mit b, so ist der Barometerstand um diesen Betrag b zu vermindern, so dass die obige Formel die Gestalt $v_0 = \dfrac{v \cdot (p - b)}{760\,(1 + \alpha t)}$ annimmt.

In dieser Weise ist bei einer genauen Messung von Gasen stets zu verfahren[1].

Bis zum Jahre 1894 hatte man allgemein angenommen, dass die Luft tatsächlich nur aus Sauerstoff und Stickstoff bestände, abgesehen von geringen Beimengungen anderer Gase. Da machten Rayleigh und Ramsay die Entdeckung, dass die Luft noch ein anderes Gas in verhältnismässig grosser Menge enthielt, das Argon, und zwar in einer Menge von rund 1,3 Gewichtsprozenten oder 0,94 Volumprozenten. Nach Leduc kann man für die Zusammensetzung der Luft daher annehmen:

Gew.-Proz. Stickstoff: 75,5. Sauerstoff: 23,2. Argon: 1,3.

Vol.-Proz. „ 78,06. „ 21,0. „ 0,94.

---

[1] Für Vorlesungszwecke ist von Hoffmann ein bequemes Eudiometer gebaut worden, das u. a. in Erdmanns Lehrbuch der anorganischen Chemie (1906 S. 247) beschrieben ist.

Vergleicht man diese Zahlen mit den vorhin angeführten, so sieht man, dass die Werte für Sauerstoff fast dieselben geblieben, während die für Stickstoff kleiner geworden sind. Dies erklärt sich eben daraus, dass man vor der Entdeckung des Argons nach der Bestimmung des Sauerstoffs den Stickstoff aus der Differenz vom Hundert berechnet hatte, so dass die früheren Zahlen die Mengen Stickstoff + Argon wiedergaben. Die Atmosphäre enthält ferner, wenn auch in geringer, so doch konstanter Menge Kohlensäure (CO_2) und zwar entfallen auf 1000 Liter Luft 0,3 Liter oder 0,59 g Kohlensäure.

In wechselnder Menge enthält die Luft Wasserdampf. Die Menge desselben ist abhängig von der gerade herrschenden Temperatur und dem Barometerstande. Im allgemeinen ist die Luft jedoch nicht mit Wasserdampf gesättigt. Je wärmer ferner die Luft ist, um so mehr Wasserdampf enthält sie, je kälter sie ist, um so weniger. Ist die Luft bei einer bestimmten Temperatur mit Wasserdampf gesättigt, so übt dieser einen gewissen Druck aus, auch Tension oder Spannkraft genannt, der einer Quecksilbersäule von gewisser Höhe das Gleichgewicht hält. Misst man daher ein bestimmtes Volumen eines trockenen Gases, z. B. 100 ccm Luft über Quecksilber in einer mit einer Teilung versehenen Röhre ab (etwa wie bei dem Versuch S. 43) und lässt dann in dem Rohr etwas Wasser aufsteigen, so findet man, nachdem das Gas sich mit Wasserdampf gesättigt hat, dass das Quecksilber in dem Rohr infolge des Teildrucks des Wasserdampfes gesunken ist. Oder, um das Quecksilber innen und aussen gleich hoch einzustellen, ist es erforderlich, das Glasrohr etwas hoch zu heben. Ist das Rohr aussen mit einer mm-Teilung versehen, so gibt die Differenz der Ablesung in mm die absolute Feuchtigkeit der Luft bei der betreffenden Temperatur an. Der für eine jede Temperatur eine bestimmte Grösse besitzende Sättigungsdruck des Wasserdampfes allein lässt sich experimentell leicht bestimmen, indem man in das Vakuum eines Barometers etwas Wasser aufsteigen lässt und das Barometer verschiedenen Temperaturen aussetzt. Man findet dann, dass mit zunehmender Temperatur die Quecksilbersäule

sinkt. Bei 100° C ist das Quecksilber auf den Nullpunkt gesunken, oder die Tension des Wasserdampfes von 100° ist gleich
760 mm Quecksilber.

Unter der relativen Feuchtigkeit versteht man das Verhältnis zwischen der bei einer bestimmten Temperatur in der
Luft wirklich enthaltenen Wasserdampfmenge und der, die sie
bei jener Temperatur im Maximum aufzunehmen fähig ist. Der
Sättigungsdruck des Wasserdampfs bei 15° C beträgt z. B.
12,7 mm, d. h. reiner Wasserdampf übt bei 15° C einen Druck
aus, der einer Quecksilbersäule von 12,7 mm das Gleichgewicht
hält. Findet man nun, dass die absolute Feuchtigkeit einem
Druck von nur 7,6 mm entspricht, so ist die relative Feuchtigkeit gleich $\frac{7,6}{12,7}$ = rund 60%. Die Luft enthält daher in diesem
Fall nur 60% der Wassermenge, die sie bei 15° aufnehmen
könnte.

Die Bestimmung des in der Luft enthaltenen Wasserdampfes
kann auf chemischem Wege geschehen, indem man ein bestimmtes Luftvolum durch gewogene U-Röhren leitet, die mit
wasseranziehenden Substanzen, z. B. Chlorkalzium oder Phosphor-
pentoxyd, gefüllt sind. Allgemeiner benutzt man physikalische
Methoden, Anwendung des Koppe schen Haarhygrometers oder
des Psychrometers von August, sowie die von Assmann
verbesserte Form des letzteren, das Aspirationspsychrometer.
Das Prinzip dieses Psychrometers beruht auf der Anwendung
zweier Thermometer, von denen die Kugel des einen durch
einen in Wasser tauchenden Docht feucht gehalten wird. Während
das trockene Thermometer die Lufttemperatur anzeigt, gibt das
feuchte eine niedrigere Temperatur an, da durch die Verdunstung
des Wassers dem Thermometer Wärme entzogen wird. Die
Differenz zwischen den beiden Thermometerangaben ist um so
grösser, je trockener die Luft ist. Aus der Differenz lassen
sich absolute und relative Feuchtigkeit berechnen. Bei dem
Aspirationspsychrometer von Assmann wird durch einen kleinen,
von einem Uhrwerk bewegten Ventilator ein Luftstrom von be-

stimmter Stärke an den Thermometern vorbei gesaugt[1]). Durch den Gehalt an Wasserdampf wird die Luft leichter, da das spezifische Gewicht desselben nur 0,62 beträgt.

1 Liter Luft wiegt 1,29327 g (Rayleigh). Da 1 Liter Wasserstoff 0,09001 g wiegt (Rayleigh), so ist das spezifische Gewicht auf Wasserstoff = 1 bezogen gleich 14,368. Auf Sauerstoff = 32 bezogen ergibt sich für die Dichte 28,95. Luft ist 773 mal leichter als Wasser von 4° C. Da 1 g Wasser (4° C) gerade den Raum von 1 ccm einnimmt, ist ihr spezifisches Volum gleich 773 ccm (0°, 760 mm)[2]).

Die Verflüssigung der Luft gelang zuerst Cailletet, der sie in Form eines feinen Nebels erhielt, als er Luft auf 200 Atmosphären komprimierte und dann sich rasch ausdehnen liess. Später verflüssigte er sie durch Kompression auf 200 Atmosphären und Abkühlung durch flüssiges Stickoxydul, das bei rund —90° siedet. Ähnlich verfuhr Dewar.

In grösserem Massstabe sie zu verflüssigen gelang erst von Linde durch Benutzung eines Apparates, der auf dem sogenannten Gegenstromprinzip beruht. In Fig. 9 ist derselbe schematisch wiedergegeben. Rechts sieht man den Gegenstromapparat. Der wichtigste Teil an diesem ist das Reduzierventil R, welches so eingestellt wird, dass nach der Seite des Behälters für flüssige Luft B ein Druck von ungefähr 20 Atmosphären, nach der anderen ein solcher von 200 herrscht. Die Wirkungsweise des Apparates ist kurz folgende. Durch den Kompressor K wird von B aus Luft angesaugt, die das weite Rohr in der Pfeilrichtung durchstreicht. Nach der Kompression auf 200 Atmosphären gelangt die Luft in das Kühlgefäss KG, wo sie die bei der Verdichtung entstandene Wärme abgibt und nun durchstreicht sie das engere,

---

[1]) Ausführlicheres hierüber s. Sammlung Luftfahrzeugbau und Führung. Bd. 1, Linke, Aeronautische Meterologie I. (Auffarth, Frankfurt a. M.).

[2]) Der Luftdruck hält im Mittel einer Quecksilbersäule von 760 mm auf Meereshöhe und der geographischen Breite von 45° das Gleichgewicht, man spricht unter diesen Bedingungen von Normalbarometerstand. Da der Luftdruck wechselt, ist, wie allgemein bekannt, auch der Barometerstand schwankend.

in dem weiten konzentrisch angebrachte Rohr und gelangt so,
unter dem Druck von 200 Atmosphären stehend zu dem Reduzierventil R. Dieses durchströmt sie und wird dabei auf 20
Atmosphären entspannt, wobei eine beträchtliche Abkühlung
eintritt. Dann wiederholt sich der Kreislauf wie beschrieben.
Die jetzt schon bedeutend kältere Luft durchfliesst wieder das
weite Rohr, die ihr im engen entgegenströmende ebenfalls ab-
kühlend, wird wiederum auf 200 Atmosphären komprimiert,
gibt die dabei entstandene Wärme im Kühler K G ab, und wird

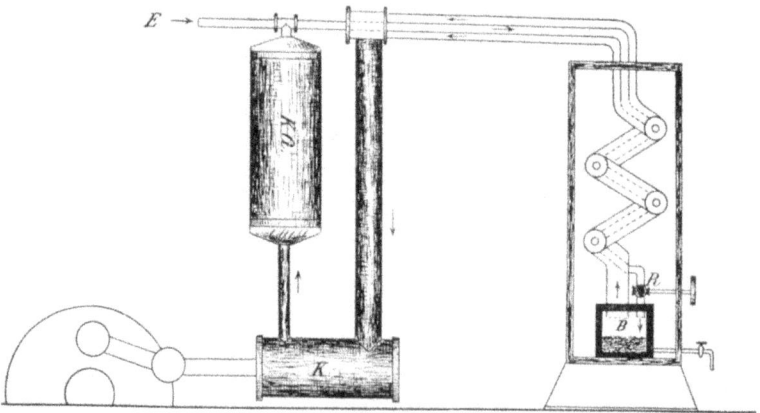

Fig. 9.
Schema des Gegenstromapparates von v. Linde.

abermals hinter R entspannt, sich so um eine Stufe weiter ab-
kühlend. Auf diese Weise sinkt die Temperatur schliesslich bis
auf rund — 192⁰, bei welcher Temperatur die Luft sich verflüssigt. Die verbrauchte Luft wird durch frische ersetzt, die
bei E durch ein nicht gezeichnetes Ventil eingeblasen wird.
Nach Wroblewski liegt der Siedepunkt bei — 192,2⁰, die
kritische Temperatur bei — 140⁰, der kritische Druck beträgt
dabei 39 Atmosphären. Flüssige Luft ist viel sauerstoffreicher
als gasförmige, auch ist ihre Zusammensetzung schwankend.
Frisch kondensierte flüssige Luft enthält ungefähr 53—54⁰/o
Sauerstoff. Da der Siedepunkt des flüssigen Stickstoffs niedriger

liegt als der des flüssigen Sauerstoffs, so verdampft beim Stehen
der Stickstoff zuerst, sie reichert sich daher an Sauerstoff an,
so dass sie nach 1—2 tägigem Stehen über 90 %/o davon enthält.
Infolgedessen nähert sich auch ihr Siedepunkt dem des reinen
Sauerstoffs. Flüssige Luft ist eine schwachblau gefärbte Flüssigkeit. Von einer auf der Anwesenheit von fester Kohlensäure be-
ruhenden Trübung kann sie durch Filtrieren befreit werden.

Für die Beziehungen zwischen spezifischem Gewicht und
Sauerstoffgehalt haben Ladenburg und Krügel folgende
Zahlen angegeben:

	Spez. Gew.	Sauerstoffgehalt	
1.	0,9951	53,83	(frische flüssige Luft)
2.	1,029	64,2	(nach einigen Wochen)
3.	1,112	93,6	(nach 1—2 Tagen).

Zur Aufbewahrung der flüssigen Luft dienen die sogenannten
Dewarschen oder Weinholdschen Gefässe. Sie bestehen
aus doppelwandigen Glasgefässen (s. Fig. 10),
die in einem hölzernen Fuss ruhen. Der
Raum zwischen der inneren und äusseren
Glaswand ist luftleer gemacht, so dass die
Verdunstung durch Wärmeleitung auf ein
Minimum reduziert wird. Um auch die strah-
lende Wärme auszuschalten, sind die Gefäss-
wände versilbert. Da letztere natürlich un-
durchsichtig sind, so sind für Demonstrations-
zwecke die unversilberten Gefässe vorzu-
ziehen. Die Wandungen der mit flüssiger
Luft angefüllten Gefässe beschlagen sich
bald mit Eis (aus dem Wasserdampf der Luft

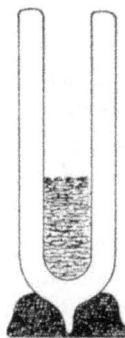

Fig. 10.
Dewar'sches Gefäss.

stammend), was dadurch vermieden werden kann, dass man sie
mit einer aus gleichen Raumteilen Glyzerin und Alkohol be-
stehenden Mischung bestreicht. Der Transport der flüssigen
Luft geschieht in kugelförmigen, mit einem Halse versehenen
Dewarschen Flaschen, die mit Filz umgeben sind und in einem
Drahtkorb ruhen. In solchen Gefässen lässt sich flüssige Luft
tagelang aufbewahren.

Flüssige Luft findet im Laboratorium mannigfache Anwendung für Kühlzwecke.

In neuerer Zeit sind Apparate konstruiert worden, u. a. von von Linde, Claude und Gotthold Hildebrandt, die gestatten, aus flüssiger Luft Sauerstoff herzustellen. An dieser Stelle möge der Hildebrandtsche Apparat beschrieben werden, dessen innere Einrichtung in Fig. 11 wiedergegeben ist. Derselbe enthält ein weites Schlangenrohr, in dessen Innerem zwei Rohre von kleinerem Durchmesser verlaufen. Durch das linke enge Rohr, siehe oben bei 1, strömt Luft unter hohem Druck ein. Diese Hochdruckluft tritt unten links bei 2 aus, steigt in dem Apparat in der Pfeilrichtung empor und tritt in den Expansionsraum E ein. Hier entspannt sie sich, wodurch Verflüssigung eintritt. Die flüssige Luft tritt durch 3 in den Raum R ein, den sie durch die vier Rohrstutzen (4) verlässt, um in vier entsprechenden Schlangen S hinabzufliessen, die oben feine Löcher besitzen. Beim Hinabfliessen durch die Rohrwindungen verdampft nach und nach der Stickstoff, da er niedriger siedet als der Sauerstoff, tritt durch die genannten feinen Löcher aus und entweicht durch zwei Stutzen (5) in den die Expansionsvorrichtung umschliessenden Raum R, von wo aus er durch ein Rohr A in das weite Rohr gelangt, so die in dem engen Rohr ihm entgegenströmende Hochdruckluft kühlend. In letzterem steigt er aufwärts und entweicht dann rechts oben. Der Sauerstoff fliesst in den engen, oben mit Löchern versehenen Röhren S abwärts und sammelt sich unten im Apparat bei G an. Von hier aus wird er durch das enge Rohr (6) abgeführt und kann oben rechts (bei 7) entnommen werden. Nach des Verfassers eigener Erfahrung liefert dieser Apparat durch die beschriebene fraktionierte Trennung fast reinen Sauerstoff (98 bis 99%)[1].

Die gasförmige Luft findet jetzt Verwendung zur Herstellung von Salpetersäure. Lässt man nämlich durch Luft den elektrischen Funken schlagen, so verbindet sich unter dem Ein-

---

[1] Der Apparat ist inzwischen konstruktiv noch verbessert worden.

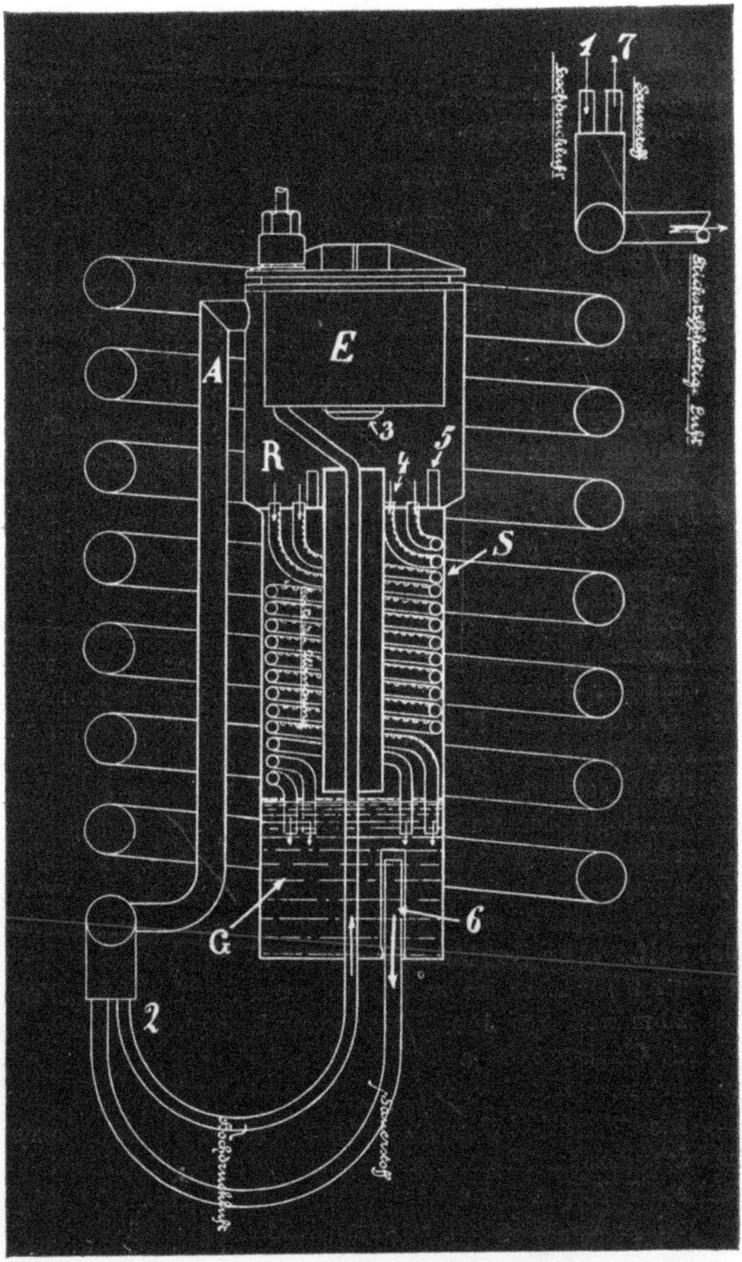

Fig. 11. Apparat von Hildebrandt. 4*

fluss der hohen Temperatur des Funkens der Sauerstoff mit dem Stickstoff zu Stickoxyden, die mit Wasser und überschüssigem Sauerstoff Salpetersäure bilden:

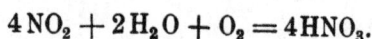

$$4\,NO_2 + 2\,H_2O + O_2 = 4\,HNO_3.$$

Diese Eigenschaft ist von Birkeland und Eyde für die Herstellung der Salpetersäure aus Luft im Grossen nutzbar gemacht worden. Der Apparat besteht aus einem runden Ofen, in dem sich zwischen kupfernen Elektroden ein Wechselstromflammenbogen bildet. Durch einen kräftigen Magneten wird der Flammenbogen zu einer Scheibe auseinandergezogen. Das beim Durchblasen der Luft entstandene Gemisch von Stickoxyden und überschüssiger Luft wird dann in Türme geleitet, in denen Wasser herabrieselt. Hierbei bildet sich Salpetersäure, die in kohlensauren Kalk geleitet wird, wodurch salpetersaurer Kalk entsteht. In dieser Form kommt die Salpetersäure in den Handel.

Die Eigenschaft der Luft, sich beim Erwärmen auszudehnen und spezifisch leichter zu werden, vermöge deren warme Luft gegenüber kälterer einen bestimmten Auftrieb bekommt, wurde zuerst von den Gebrüdern Montgolfier für Luftschiffahrtszwecke benutzt. Der erste Heissluftballon, nach den Erfindern Montgolfière genannt, erhob sich am 5. Juni 1783 in die Lüfte. Am 19. September wurde von den Brüdern ein Versuch mit einem Schaf, einem Hahn und einer Ente gemacht, die sich in einem Weidenkorb befanden, der an einer Montgolfière angehängt war. Als dieser Versuch glücklich verlaufen war, entschlossen sich Pilâtre de Rozier und Marquis d'Arlande eine Fahrt mit der neuen Maschine zu machen, wozu sie eine Montgolfière von 20 m Höhe und 14 m Durchmesser benutzten. Sie stiegen am 21. Oktober 1783 auf, überflogen Paris und landeten unversehrt nach 25 Minuten.

Diese Versuche haben jetzt fast nur noch historisches Interesse, nachdem sich im Wasserstoff und einigen anderen Gasen tragfähigere Ballongase gefunden haben. Die warme Luft besitzt zu geringe Tragfähigkeit, so dass die Ballone verhältnismässig gross genommen werden müssen, auch greift die heisse Luft die Ballonhülle stark an. Infolgedessen beschränkt sich die Verwendung erwärmter Luft als Ballongas auf Papierballone, die auf Kinderfesten usw. aufgelassen werden. Sie hat den Vorzug grosser Billigkeit, da man mit 1 kg Kohle rund 250 cbm Luft auf 100° erwärmen kann.

Der Auftrieb erwärmter Luft berechnet sich folgendermassen: Bezeichnet man das Gewicht einer Luftmasse von 0° mit d_0, das dabei eingenommene Volumen mit V_0, das Gewicht der Luftmasse von t_0 mit d, das entsprechende Volumen mit V, so ist

$$d : d_0 = v_0 : v, \text{ oder } d \cdot v = d_0 \, v_0.$$

Da nun $v = v_0 \cdot (1 + \alpha t)$ ist, so ergibt $d = \dfrac{d_0 \cdot v_0}{(1 + \alpha t) \cdot v_0}$

$$\text{oder } d = \frac{d_0}{1 + \alpha t} = \frac{d_0}{(1 + 0,00366 \, t)}.$$

Da ferner 1 cbm Luft von 0° 1,293 kg wiegt, so ist der Auftrieb in g pro 1 cbm gleich 1,293 — d.

Beispiel: Es soll der Auftrieb von 1 cbm auf 60° erhitzter Luft berechnet werden. Man hat $d = \dfrac{1,293}{(1 + 0,00366 \cdot 60)} = \dfrac{1,293}{1,2196} = 1,060$. Der Auftrieb ist daher 1,293 — 1,060 = 0,233 kg = 233 g pro 1 cbm.

In folgender Tabelle ist der Auftrieb von 1 cbm Luft für verschiedene Temperaturen zusammengestellt.

Tabelle.

Temperatur	Auftrieb pro 1 cbm in g
100	348
80	294
60	233
40	166
20	88

Erwähnt sei noch, dass in jüngster Zeit Versuche angestellt worden sind, die Ballonets von Motorballonen statt mit gewöhnlicher Luft (von 15° etwa) mit heisser Luft aufzupumpen. Eine solche Vorrichtung war in dem verunglückten Motorballon „Erbslöh" der Rheinisch-Westfälischen Motorluftschiff-Studiengesellschaft eingebaut.

Kapitel XI.

Kohlensäure und Kohlenoxyd.

Kohlensäure.

Vorkommen. Kohlensäure, richtiger Kohlendioxyd, CO_2, findet sich in freier Form in der Atmosphäre, die davon in 1000 Litern 0,3 Liter enthält. In grösseren Mengen entströmt dieses Gas manchen Stellen der Erde. Bekannt sind z. B. die Kohlensäurequelle bei Sondra in Thüringen und die Hundsgrotte bei Neapel, auf deren Boden eine Schicht von Kohlensäure lagert, in der kleinere Tiere ersticken. Plinius nannte sie daher schon ein tödliches Gas, Spiritus letalis. Ferner enthalten viele Quellwasser, die sogenannten Säuerlinge, Kohlensäure. Gebunden bildet sie mit Metalloxyden ungeheuere Mengen von Kohlensäuresalzen (Karbonaten), z. B. Kreide, Kalkstein, Marmor, die im wesentlichen aus kohlensaurem Kalk ($CaCO_3$) bestehen. Sie bildet sich bei der Verbrennung des Kohlenstoffs sowie kohlenstoffhaltiger Substanzen nach der Gleichung: $C + O_2 = CO_2$. Sie findet sich daher in den Verbrennungsgasen. Die ausgeatmete Luft des Menschen enthält ca. 45°/o CO_2. Da die tägliche Gewichtsmenge an ausgeatmeter Kohlensäure ungefähr im Durchschnitt 1 kg beträgt, so würde sich der in der Kohlensäure enthaltene Kohlenstoff, um ein anschauliches Beispiel zu wählen, durch ein 270 g schweres Holzkohlenstück darstellen lassen. Ferner tritt sie bei Gärungsprozessen auf. In Räumen, in denen letztere vorgehen, ist sie deshalb in grosser Menge enthalten, z. B. in den Gärkellern von Brauereien, sowie in Brunnenschächten. Sie entsteht ferner durch Einwirkung von Wasserdampf auf glühende Kohle, findet sich aus diesem Grunde im Wassergas (s. d.).

Darstellung. Künstlich lässt sich Kohlensäure am bequemsten darstellen durch Zersetzung von Karbonaten mit Säuren. So entwickelt kohlensaurer Kalk mit Salzsäure CO_2 nach der Gleichung:

$$CaCO_3 + 2\,HCl = CaCl_2 + H_2O + CO_2.$$

Zur Entwicklung kleinerer Mengen ist der sog. Kippsche Apparat sehr geeignet. In Fig. 12 ist derselbe abgebildet. Er

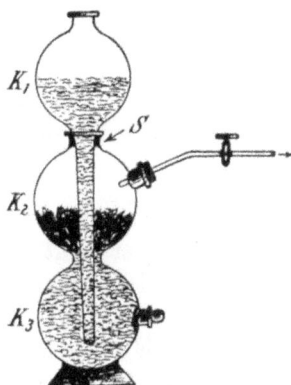

Fig. 12.
Kippscher Apparat.

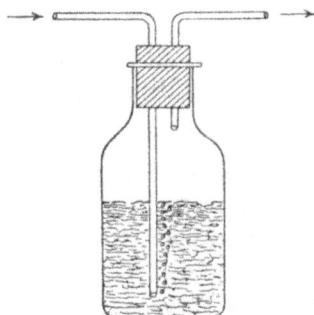

Fig. 13.
Waschflasche.

besteht aus 3 Glaskugeln, von denen die obere K_1 vermittelst eines Schliffes S luftdicht in die Kugel K_2 eingesetzt ist. K_1 verjüngt sich zu einem Rohr, das bis nahe zum Boden von K_3 hinabreicht. An K_2 ist ein Tubus angesetzt, durch den vermittels eines Gummistopfens ein Glashahn führt. Die mittlere Kugel wird mit Marmorstücken (etwa von der Grösse einer Haselnuss) gefüllt, in K_1 giesst man Salzsäure, wozu man in diesem Fall die rohe Salzsäure des Handels verwenden kann, die man mit dem gleichen Raumteil Wasser verdünnt. Wird jetzt der Hahn geöffnet, so füllt die Säure K_3 an und gelangt zum Marmor in K_2, so dass die Gasentwickelung beginnt. Schliesst man den

Hahn, so drückt das entwickelte Gas die Säure wieder nach K_1 empor, die Gasentwickelung hört auf. Der Apparat eignet sich auch zur Entwickelung anderer Gase, z. B. von Wasserstoff aus Zink und Schwefelsäure, s. Wasserstoff. Um das Gas von mitgerissenen Säureteilchen zu befreien, leitet man es durch eine Waschflasche, die mit Wasser, in diesem Fall (bei CO_2) noch besser mit einer Lösung von Natriumbikarbonat, gewöhnlich doppeltkohlensaures Natron genannt, $NaHCO_3$, gefüllt wird. Eine solche Waschflasche lässt sich in einfacher Form leicht in der aus Fig. 13 ersichtlichen Weise herstellen. Zum Trocknen der Gase sind die Waschflaschen ebenfalls geeignet, wenn man sie mit konz. Schwefelsäure, die wasseranziehend wirkt, füllt.

Kohlensäure entsteht ferner beim Brennen des Kalks, wobei das benutzte Rohmaterial (Kalkstein oder Kreide) in Ätzkalk, Ca O, und Kohlensäure, CO_2, zerfällt.

Eigenschaften. Kohlendioxyd ist ein farb- und geruchloses Gas von schwach säuerlichem Geschmack. 1 Liter wiegt 1,9768 g, es ist daher 1,529 mal so schwer als Luft. Die prozentische Zusammensetzung beträgt 72,71 % Sauerstoff und 27,29 % Kohlenstoff. Bei + 20° lässt sich Kohlensäure durch einen Druck von 58 Atmosphären verflüssigen. Die kritische Temperatur liegt bei 31°, der kritische Druck beträgt 75 Atmosphären. In flüssiger Form kommt das Kohlendioxyd in Stahlbomben in den Handel. Öffnet man das Ventil der Bombe, so dass das Gas schnell ausströmen kann, so wird infolge der plötzlichen Entspannung einem Teil des Gases so viel Wärme entzogen, dass es zu festem Kohlendioxyd, einer weissen schneeähnlichen Masse erstarrt, deren Temperatur —78° beträgt. An der Luft verdunstet es langsam. In lockerer Form hat es auf die Haut keine Einwirkung, da es von einer schützenden Gasschicht umgeben ist. Zerreibt man es aber zwischen den Fingern, so erzeugt es Blasen. Gasförmiges Kohlendioxyd ist in Wasser verhältnismässig leicht löslich und zwar löst es sich um so mehr, je niedriger die Temperatur ist. 1 Liter Wasser verschluckt bei 0° (760 mm) rund 1,8 Liter, bei 15° rund 1 Liter Kohlendioxyd. Ebenso vermag Wasser unter höherem Druck weit mehr CO_2 aufzunehmen, als unter den gewöhnlichen Verhältnissen. Sinkt der Druck, dann entweicht Kohlensäure, worauf das Schäumen kohlensäurehaltiger Getränke beruht. In der wässerigen Lösung des gasförmigen Kohlendioxyds ist die hypothetische Kohlensäure H_2CO_3 enthalten, die sich nach der Gleichung $CO_2 + H_2O = H_2CO_3$ bildet, aber in freier Form nicht bekannt ist, sondern nur in ihren Salzen, z. B. im Natriumkarbonat, gewöhnlich Soda genannt, Na_2CO_3. Ausser bei der Fabrikation künstlicher Mineralwässer findet das Kohlendioxyd Verwendung in der Kälteindustrie (Kühlmaschinen).

Kohlenoxyd.

Vorkommen. Das Kohlenoxyd, CO, findet sich in der Natur in den Vulkangasen.

Darstellung. Es entsteht, wenn Kohlensäure über glühende Kohlen geleitet wird, $CO_2 + C = 2CO$. Man trifft es daher im Generatorgas und in den Hochofengasen an. Wichtig ist ferner seine Bildung durch Leiten von Wasserdampf über weissglühende Kohle. Hierbei bildet es sich nach der Gleichung: $H_2O + C = CO + H_2$. Es kommt deshalb im Wassergas (s. Kapitel 12) vor. Auch Leuchtgas enthält davon rund 8%. Für Vorlesungszwecke lässt es sich am bequemsten durch Erhitzen von Oxalsäure ($C_2O_4H_2$) mit konz. Schwefelsäure erhalten. Unter der Einwirkung der letzteren zerfällt die Oxalsäure in Kohlensäure, Kohlenoxyd und Wasser.

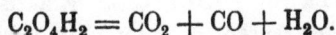

$$C_2O_4H_2 = CO_2 + CO + H_2O.$$

Die Kohlensäure kann man entfernen, indem man das Gasgemisch durch 2 mit konz. Natronlauge (NaOH = Natriumhydrat oder Natriumhydroxyd in Wasser gelöst) gefüllte Waschflaschen leitet. Die Kohlensäure wird hierbei von der Natronlauge unter Bildung von kohlensaurem Natrium verschluckt ($CO_2 + 2NaOH = Na_2CO_3 + H_2O$). Die Entwickelung kann in einem Stehkolben von 2 Liter Inhalt vergenommen worden. In den Hals des Kolbens steckt man einen Gummistopfen, der ein Gasableitungsrohr trägt. Damit die Entwickelung nicht zu stürmisch verläuft, ist

es zweckmässig, unter den Kolben eine mit Sand gefüllte eiserne
Schale, ein sog. Sandbad, zu stellen.

Eigenschaften. Kohlenoxyd ist ein farb- und geruchloses
Gas, das mit schön blauer Flamme brennt. Mit Sauerstoff oder
Luft gemischt explodiert es. 1 Liter Kohlenoxyd wiegt unter
den Normalbedingungen 1,25078 g, seine Dichte auf Luft $= 1$
bezogen ist daher $\dfrac{1,293}{1,25078} = 0,9672$. Es ist ziemlich schwer
zu verflüssigen. Seine kritische Temperatur beträgt $- 140^{\,0}$,
der kritische Druck $35\tfrac{1}{2}$ Atmosphären. Es löst sich leicht in
einer Auflösung von Kupferchlorür ($Cu_2 Cl_2$) in Ammoniak (NH_3)
oder Salzsäure (HCl). Diese Eigenschaft der genannten Lösung
benutzt man daher in der Gasanalyse zur Bestimmung des
Kohlenoxyds. Eingeatmet wirkt es giftig. Luft, die 0,05 %
Kohlenoxyd enthält, kann schon tödlich wirken, es sei hierbei
an die infolge des Einatmens von Kohlendunst erfolgten Todes-
fälle erinnert. Als Gegenmittel wendet man die künstliche
Sauerstoffatmung an.

Kapitel XII.

Wassergas.

Geschichte. Die ersten Wassergasapparate wurden in der
Mitte der zwanziger Jahre des 19. Jahrhunderts in England
gebaut (V e r e , C r a n e , I b b e t s o n). Praktisch verwendet für
Beleuchtungszwecke wurde es zuerst in Dublin 1880 durch
D o n o v a n. In den Jahren 1856—1865 wurde Narbonne vermittels Wassergas beleuchtet, wobei das Gas kleine Platinkörbe
zur Weissglut erhitzte.

Darstellung. Das ideale Wassergas, ein Gemenge von
Kohlenoxyd mit Wasserstoff, bildet sich durch Überleiten von
Wasserdampf über glühende Kohlen. Lässt man den Prozess
bei 1200 ^{0} C vor sich gehen, so geschieht dies im Sinne der
Gleichung $C + H_2O = CO + H_2$. Das Gasgemisch besteht also
theoretisch aus 50 Vol.-% Kohlenoxyd und 50 Vol.-% Wasserstoff

bzw. 93,33 Gew.-% Kohlenoxyd und 6,67 Gew.-% Wasserstoff. Bei niedrigerer Temperatur, bei 800° C, erhält man das sogenannte Kohlensäure-Wassergas nach der Formel $C + 2H_2O = CO_2 + 2H_2$. Dessen Zusammensetzung ist theoretisch gleich 33,33 Vol.-% Kohlendioxyd und 66,66 Vol.-% Wasserstoff oder 91,67 Gew.-% Kohlensäure und 8,33 Gew.-% Wasserstoff. Es leuchtet hieraus ohne weiteres ein, dass mit zunehmender Temperatur die Kohlenoxydmenge überwiegt, mit fallender die Menge an Kohlensäure.

Ausser den genannten Gasen enthält das Wassergas praktisch noch andere Körper, z. B. Methan (CH_4), bekannt als Grubengas, sowie Stickstoff. In folgender Tabelle ist die Zusammensetzung eines Wassergases angegeben.

Tabelle.

Wasserstoff,	H_2,	49%
Kohlenoxyd,	CO,	39%
Kohlensäure,	CO_2,	5%
Methan,	CH_4,	0,7%
Stickstoff,	N_2,	6,3%.

Die Erzeugung des Wassergases verläuft in zwei Abschnitten. Zunächst wird in die mit Koks oder Anthrazit gefüllten Gaserzeuger Luft eingeblasen, bis die Füllung zur Weissglut erhitzt ist. Hierbei entsteht Generatorgas, ein Gemenge von Kohlenoxyd und Stickstoff, das man z. B. zu Heizungszwecken, für Dampfkessel oder auch bei der Generatorfeuerung nach Siemens benutzt. Man nennt diesen Abschnitt das „Heissblasen". Hat man eine genügend hohe Temperatur erzielt, so wird über die glühende Kohle Wasserdampf geblasen, wobei sich jetzt Wassergas bildet, welchen Abschnitt man „Gasen" oder „Kaltblasen" nennt. Da die Wassergasbildung endotherm, d. h. unter Wärmeaufnahme vor sich geht, indem für die molekulare Menge 28,3 Kalorien verbraucht werden ($C + H_2O + 28,3$ Kal. $= CO + H_2$), so hört nach entsprechender Zeit die Wassergasbildung auf. Es wird daher wieder heissgeblasen, und durch erneutes Überleiten von Wasserdampf kann dann wieder Wassergas hergestellt werden. So wechseln sich beide Abschnitte, Heiss- und Kaltblasen, fortwährend ab.

Von den zahlreichen Apparaten zur Wassergaserzeugung möge zuerst der beschrieben werden, den man allgemein als Deutsche Type bezeichnet. Er ist das Resultat eingehender Versuche, die 1881 in Frankfurt a. M. von B u n t e und S c h i e l e angestellt wurden mit einem Apparat „System Strong", der von Q u a g l i o eingeführt worden war. Der Apparat (Fig. 14) besteht aus einem mit Schamotte ausgemauerten Generator, der durch den doppelt verschliessbaren Fülltrichter E mit Koks beschickt wird. Nach Entzündung des Brennmaterials wird Luft aus der Windleitung W in den unteren Teil A des Generators geblasen. Die Luft durchstreicht den Generator, indem sie die Füllung bis zur gewünschten Temperatur erhitzt. Der Sauerstoff der Luft verbindet sich hierbei mit dem Kohlenstoff des Koks zu Kohlenoxyd, während der Stickstoff unverändert bleibt, so dass das entstehende Luftgas oder Generatorgas theoretisch aus 34,4 Vol.-% CO und 65,6 Vol.-% N besteht. Das Generatorgas entweicht durch die Öffnung B und das geöffnete Kegelventil G G. Letzteres ist gegen aussen durch einen Wasserverschluss mittels Glocke luftdicht, doch frei beweglich abgeschlossen. Unterhalb dieses Ventils ist eine zylindrische Verlängerung des Rohres angebracht, in welcher sich der grösste Teil der mitgerissenen Flugasche absetzt. Diese kann durch Öffnen einer Klappe entleert werden.

Das Generatorgas entweicht seitlich unterhalb des Kegelventils und wird von hier aus am besten direkt (ohne vorherige Aufspeicherung) seiner eventuellen Verwendung zugeführt. Man kann es z. B. unter den Dampfkesseln verbrennen, die den nötigen Wasserdampf liefern.

Um die Schlacke, welche nach unten abfliesst, durch rasche Abkühlung zur Abbröckelung zu bringen und dadurch deren Entfernung zu erleichtern, wendet die europäische Wassergas-Gesellschaft einen mit Wasser gefüllten Kühlring K im unteren Teile des Generators an; dieser Kühlring ist jedoch bei Anwendung von Brennmaterial mit nicht allzu hohem Aschengehalt

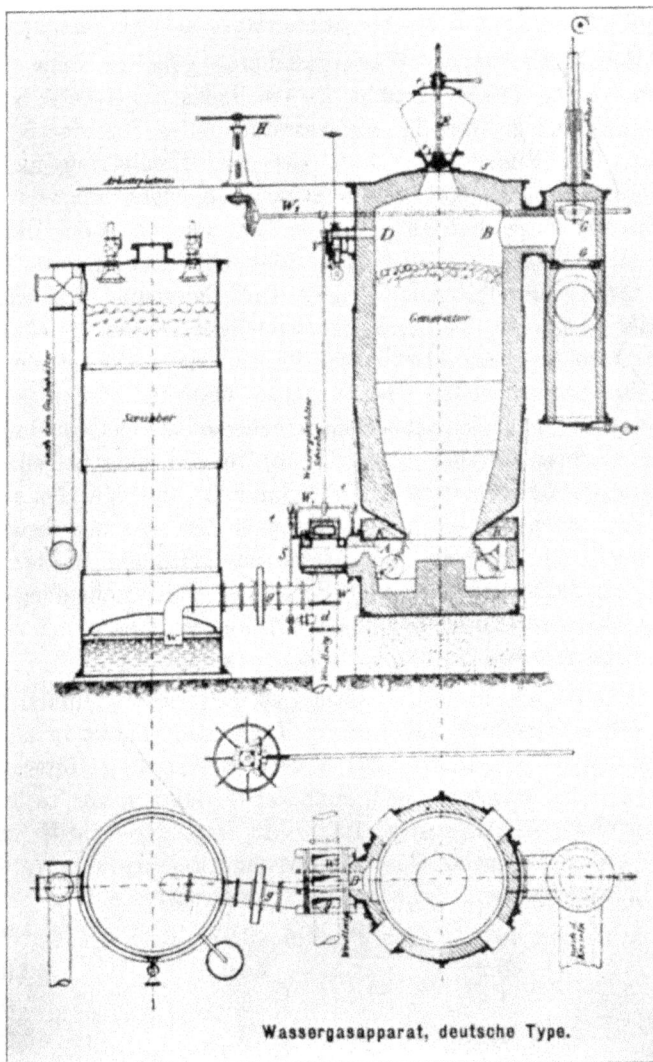

Wassergasapparat, deutsche Type.

Fig. 14.

entbehrlich. Die Öffnungen, welche das Entleeren der Schlacke ermöglichen, sind mit dichtschliessenden Morton-Türen verschlossen.

Sobald die für die Wassergasbildung günstige Temperatur (nach Bunte 1200°) erreicht ist, wird das Kegelventil G geschlossen und gleichzeitig ein wassergekühlter Schieber S, der vorher den Eintritt der Luft aus der Windleitung in den Generator ermöglichte, derart verschoben, dass nunmehr die Luftzufuhr abgeschnitten, dagegen ein zur Ableitung des zu bildenden Wassergases dienendes Rohr mit dem unteren Teile des Generators verbunden wird. Die Bewegung des Kegelventils G sowohl, als auch des Schiebers S wird gleichzeitig vom Arbeitsplateau aus durch Drehen eines Steuerrades H mittels entsprechender Übersetzungen bewirkt. Ist dies geschehen, so wird gleichfalls vom Arbeitsplateau aus ein Dampfhahn geöffnet, welcher bei D Dampf in den oberen Teil des Generators strömen lässt. Dieser durchstreicht den Generator von oben nach unten, in dem er immer heissere und heissere Koksschichten passiert. Das Wassergas entweicht im heissen Zustande durch den genannten Schieber. Zur Abscheidung der Flugasche sowie zur Abkühlung des Gases wird es durch einen mit Koks gefüllten Skrubber (Wäscher) geführt.

Alle 10 Minuten wird warm geblasen und 5 Minuten gegast. Ein Generator, der 600 kg Koks fasst, liefert in diesen 5 Minuten 20 cbm; also pro Stunde 80 cbm Wassergas (Literatur: Geitel, das Wassergas und seine Verwendung in der Technik, Berlin W 57, G. Siemens, 1900). In folgender Tabelle (nach Ost, Chem. Technologie) ist die Zusammensetzung von Wassergas in verschiedenen Perioden des Gasens dargestellt:

	nach 1 Min.	nach $2^{1}/_{2}$ Min.	nach 4 Min.
H	44,8 %	48,9 %	51,4 %
CO	45,2 „	44,6 „	40,9 „
CO_2	1,8 „	3,0 „	5,6 „
CH_4	1,1 „	0,4 „	0,2 „
N	7,1 „	3,1 „	1,9 „

Eine wesentliche Vervollkommnung des Wassergasprozesses bildet die Einführung des Wassergasverfahrens nach dem System

Dellwik-Fleischer. Der Unterschied zwischen diesem und
den anderen Methoden besteht darin, dass Luft unter starker
Pressung in den Generator eingeblasen wird, so dass trotz hoher
Temperatur nicht CO (wie bei dem oben beschriebenen Verfahren), sondern CO_2 entsteht. Da nun bei der Verbrennung
von 1 kg Kohlenstoff zu Kohlenoxyd nur 2400 Kalorien, dagegen bei der Verbrennung zu Kohlensäure 8080 Kalorien frei
werden, so wird, trotzdem natürlich hierbei die Erzeugung und
Verwendung des Generatorgases fortfällt, ein bedeutend höherer
Effekt erzielt. Während daher beim alten Prozess nur 40%
des Brennmaterials zur Wassergasbildung herangezogen wurden,
werden beim Dellwik-Fleischer-Prozess 75% der Füllung
hierfür ausgenutzt. Das Dellwik-Fleischer Wassergasverfahren
besitzt infolgedessen den anderen Verfahren gegenüber eine be-
deutende wirtschaftliche Überlegenheit. Dazu kommt noch, dass
bei diesem Verfahren in einer Stunde etwa 50 Minuten lang
Wassergas produziert werden kann, während auf die übrigen
10 Minuten das Heissblasen entfällt. Bei den älteren Verfahren
war es gerade umgekehrt. Nur 20 Minuten entfielen pro Stunde
auf die eigentliche Wassergasproduktion, 40 Minuten mussten
für das Heissblasen verwendet werden.

Fig. 15 gibt die Ansicht einer Wassergasanlage „System
Dellwik-Fleischer" wieder. Die Herstellung des Wassergases geschieht wie folgt[1]): Der Generator wird bis zu einer
gewissen Höhe mit Koks gefüllt und dieser mittels Ge-
bläses heissgeblasen. Dabei sind die Kaminklappe 5 und der
Doppelwindschieber 3 offen, die beiden Gasventile 9 geschlossen.
Durch die Windleitung 2, den Schieber 3 und den Rost 4 gelangt die Pressluft durch die Brennstoffsäule, dieselbe hoch
erhitzend. Die Abgase, hauptsächlich Stickstoff und Kohlensäure enthaltend, entweichen oben am Generator durch 5 und
den Kamin 6 ins Freie. Der im Kamin angebrachte Prellschirm
7 lässt mitgerissene Koksteilchen in das Staubrohr 8 fallen.

---

[1]) Zeichnung und Beschreibung nach der von der Dellwik-Fleischer
Wassergasgesellschaft herausgegebenen Broschüre „Das Wassergas".

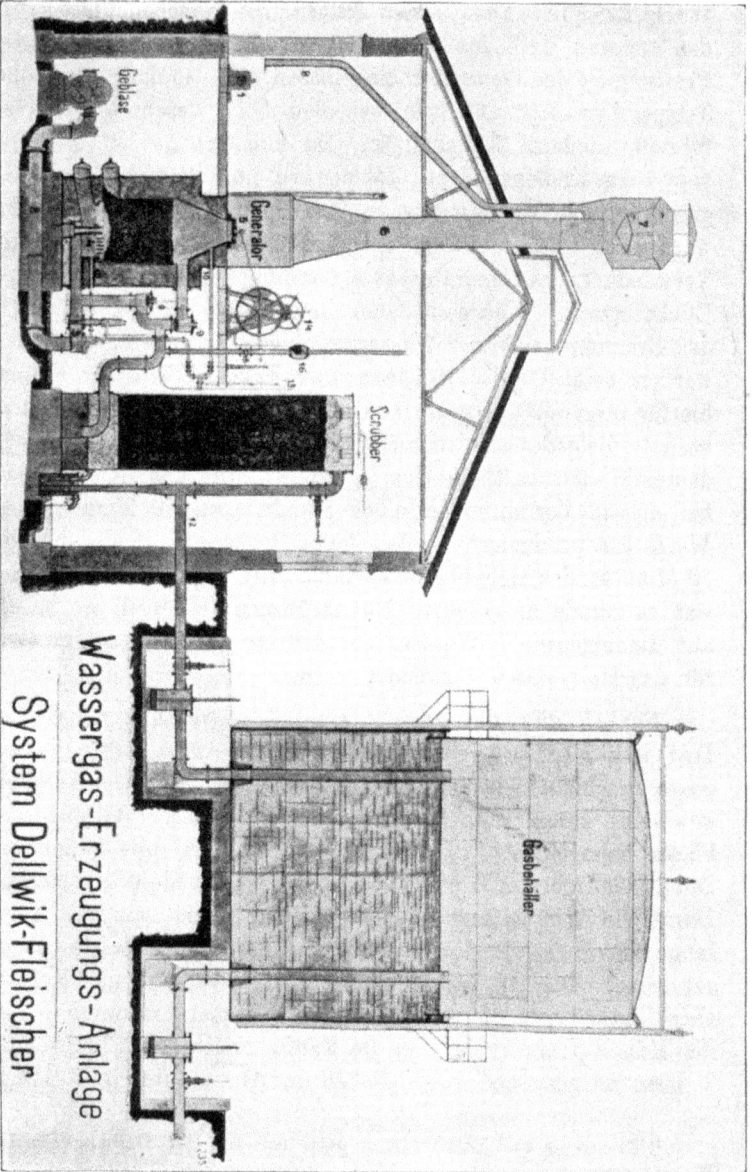

Fig. 15.

Wassergas-Erzeugungs-Anlage
System Dellwik-Fleischer

Nach genügendem Heissblasen werden 3 und 5 geschlossen, während eins von den beiden Gasventilen 9, in der Zeichnung beispielsweise das untere, gehoben wird. Damit ist die Verbindung zum Gasbehälter hergestellt. Jetzt wird oben bei 10 Dampf eingeblasen, der die Brennstoffschicht von oben nach unten durchdringt und unter dem Rost als Wassergas durch das untere Gasventil 9 und durch den Wasserabschluss 11 in den Skrubber und weiter durch die Leitung 12 in die Glocke des Gasbehälters entweicht. Da aber, wie schon oben auseinandergesetzt war, die Zersetzung des Dampfes innerhalb der Brennstoffsäule Wärme absorbiert, so wird die Temperatur des Brennstoffs nach einiger Zeit soweit sinken, dass keine rationelle Gasentwickelung mehr stattfindet. Es wird alsdann die Dampfzufuhr unterbrochen und es muss von Neuem heissgeblasen werden. Durch die Steuerung 14 wird nun gleichzeitig die Kaminklappe 5 geöffnet und das untere Gasventil 9 geschlossen, dagegen durch Öffnen des Windschiebers 3 eine Verbindung zwischen Generator und Gebläse hergestellt. Nachdem der Brennstoff im Generator wiederum durch das Einblasen von Luft auf hohe Temperatur gebracht wurde, wird nunmehr nach dem Senken des Doppelwindschiebers gleichzeitig mit dem Schliessen der Kaminklappe das obere Gasventil 9 geöffnet und der Dampf unten bei 10 eingeblasen. Dieses abwechselnde Einblasen des Dampfes oberhalb und unterhalb der Brennstoffschicht geschieht, um eine gleichmässige Wärmeverteilung im Generator zu erzielen. In dieser Weise wechseln Heissblasen und Gasblasen miteinander ab.

Eigenschaften. Wassergas ist farblos und besitzt keinen Geruch. Sein mittleres spez. Gewicht bezüglich der Luft beträgt 0,52, es hat daher einen Auftrieb von 620 kg pro 1000 cbm (0,52 . 1,293 — 1,293). Wegen seines hohen Gehaltes an Kohlenoxyd ist es jedoch für Luftschiffahrtszwecke nicht direkt verwendbar, obwohl es wegen seines geringen Preises, 1 cbm kostet ca. 4—6 Pf., dazu prädestiniert wäre. Wohl aber besitzt es deswegen für den Luftschiffer hohe Bedeutung, weil jetzt viele Verfahren existieren, die es ermöglichen, das Wassergas von seinen schädlichen Bestandteilen zu befreien und daraus reinen Wasserstoff abzuscheiden. Eine wichtige Rolle spielt es auch bei der Wasserstofferzeugung nach dem sog. Regenerativverfahren, wie es z. B. von der Internationalen Wasserstoff-Aktiengesellschaft eingeführt ist. (S. Wasserstoff.) Ein cbm liefert bei der Verbrennung zu Kohlensäure und Wasser rund 3000 grosse Kalorien, ein kg rund 4500. Mit Luft gemischt ist es explosiv, das Maximum der Explosivität besitzt ein Gemisch von 31 Vol.-%/o Wassergas und 69%/o Luft. Wegen seiner hohen Verbrennungstemperatur, die bei 2850° liegt, findet es namentlich beim Schweissen Verwendung. Über seine Benutzung für Beleuchtungszwecke, es wird u. a. auch in grossen Mengen dem Leuchtgas beigemengt, s. das erwähnte Buch von Geitel.

Kapitel XIII.

Der Wasserstoff.

Geschichtliches. Die Entwickelung eines Gases beim Lösen von Eisen in verdünnter Schwefelsäure wurde bereits von Paracelsus im 16. Jahrhundert beobachtet. Die Entflammbarkeit desselben findet zuerst in den Schriften von Turquet de Mayerne im Anfang des 17. Jahrhunderts Erwähnung, sie war Boyle bekannt, Lemery beschreibt sie, sowie die beim unvorsichtigen Entzünden eintretenden Explosionen, in den Memoiren der Pariser Akademie vom Jahre 1700. Als den Entdecker des Wasserstoffes muss man aber Cavendish bezeichnen, da er die beim Lösen von Eisen, Zink oder Zinn in verdünnter Schwefelsäure oder Salzsäure sich entwickelnde Luftart als ein eigentümliches Gas erkannte, das er entzündbare Luft, inflammable Air, nannte. Cavendish und Watt bewiesen 1781 zuerst, dass beim Verbrennen von Wasserstoff mit Sauerstoff Wasser entsteht. Cavendish zeigte dabei in der im Jahre 1784 erfolgten Veröffentlichung seiner Arbeiten, in welchem Verhältnis die zum Verbrennen einer bestimmten Menge Wasserstoff erforderliche Menge Luft stand. Bald darauf gelang

Lavoisier die Zerlegung des Wassers in seine Elemente. Über
die Volumverhältnisse, nach denen sich Wasserstoff und Sauerstoff zu Wasser verbinden, wurden von mehreren Forschern,
u. a. von Lavoisier und Meusnier, sowie von A. von
Humboldt und Gay-Lussac (1805) Versuche angestellt.
Letztere beiden fanden, dass sich genau 1 Volum Sauerstoff mit
2 Volum Wasserstoff zu Wasser vereinigen. Von Lavoisier
stammt auch der Name Hydrogène, Hydrogenium (ὕδωρ, hydor,
das Wasser, γεννάω. gennao = ich erzeuge, also Wasserbildner),
welches ins Deutsche mit Wasserstoff übertragen worden ist.
Die holländischen Chemiker Weimann und Paets van
Troostwyk zerlegten zuerst das Wasser mittelst des elektrischen
Stromes in seine Bestandteile. Die später infolge der Verwendung unreiner Materialien aufgetauchte Ansicht, dass dabei
ein Alkali und eine Säure entstände, wurde von P. L. Simon
1801 dahin richtig gestellt, dass bei der Elektrolyse von Wasser
nur Wasserstoff und Sauerstoff entstehen. Dies wurde durch
Versuche von Davy bestätigt.

Vorkommen. In der Atmosphäre findet sich freier Wasserstoff in geringer Menge, in 1 cbm Luft sind rund 0,1 Liter =
100 ccm Wasserstoff vorhanden. Diese Angabe bezieht sich
dabei auf die in der Nähe der Erde befindliche Luftschicht. Die
äussersten Schichten der Atmosphäre sollen dagegen fast nur
aus Wasserstoff bestehen[1]. Gemischt mit anderen Gasen kommt
er in den Ausströmungen der Vulkane und Fumarolen vor. Er findet
sich auch bisweilen als Einschluss in Mineralien, in grösserer
Menge in den verschiedenen Eisensorten enthalten. In ungeheuren
Massen findet er sich dagegen auf der Sonne (Kromosphäre). Die
Protuberanzen enthalten namentlich Wasserstoff. Auch zeigt
das Spektrum anderer Fixsterne (Sirius) die Wasserstofflinie H.

In gebundener Form ist der Wasserstoff auch auf der Erde
weit verbreitet, so sind im Wasser 11,19% Wasserstoff enthalten und er bildet mit einen wesentlichen Bestandteil der
pflanzlichen und tierischen Welt.

---

[1] Vergleiche Linke, Aeronautische Meteorologie, I. S. 17.

Für die Herstellung des Wasserstoffs kommen viele Méthoden
in Betracht. Aus praktischen Gründen sollen zuerst die Vèr-
fahren besprochen werden, die im wesentlichen für die Darstellung im Laboratorium, z. B. zu Demonstrationszwecken in
Betracht kommen. Danach sollen die technischen Wasserstoff-
erzeugungsverfahren behandelt werden.

A. Darstellung von Wasserstoff im Laboratorium.

Viele Metalle wirken schon bei gewöhnlicher Temperatur
auf Wasser unter Wasserstoffbildung ein, so die zu den Alkali-
metallen gehörenden Metalle Kalium und Natrium.

Wirft man ein Stückchen Kalium auf Wasser, so entwickelt
sich Wasserstoff nach der Gleichung:

$$2K + 2H_2O = 2KOH + H_2.$$

Der frei werdende Wasserstoff entzündet sich infolge der
hierbei auftretenden hohen Reaktionstemperatur und verbrennt
mit violetter Flamme[1]). Der ausserdem entstehende Körper KOH
ist das Kaliumhydroxyd oder Kalihydrat, wegen seiner ätzenden
Wirkung auch Ätzkali genannt.

Ebenso wie Kalium bildet Natrium mit Wasser Wasserstoff
sowie als Nebenprodukt Ätznatron nach:

$$2\,Na + 2\,H_2O = 2\,NaOH + H_2.$$

Da die hierbei entstehende Wärmemenge bedeutend geringer
ist, tritt keine Entzündung des Wasserstoffs ein, vorausgesetzt,
dass das auf der Wasseroberfläche umherschwimmende Natriumstückchen nicht an einer Stelle haften bleibt, z. B. an der
Wandung des benutzten Gefässes. Man kann daher die Entzündung des Wasserstoffs künstlich bewirken, wenn man das
Natriumstückchen durch Fliesspapier festhält, wodurch eine
Lokalisierung der Wärme herbeigeführt wird, so dass die Entzündungstemperatur des Wasserstoffs erreicht wird. Bei Anwendung von heissem Wasser tritt sofort Entzündung ein. Zur
Demonstration verfährt man am besten so, dass man ein erbsen-
grosses Natriumstückchen mit einer langen Nadel aufspiesst und

---

[1]) Die Violettfärbung wird durch Kaliumdämpfe hervorgerufen.

unter die Mündung eines mit kaltem Wasser gefüllten, um-
gestülpten Zylinders bringt. Der Wasserstoff sammelt sich dann
im Zylinder an.

Wie immer bei der Anwendung von Metallen zur Darstellung
von Wasserstoff ist namentlich bei der der Alkalimetalle, zumal
diese unter Petroleum aufbewahrt werden müssen, der Wasserstoff durch Kohlenwasserstoffe verunreinigt; so enthält der aus
Kalium hergestellte Wasserstoff Azetylen (Berthelot).

Auch die Wasserstoffverbindungen der Metalle, die sogenannten
Hydrüre, geben mit Wasser Wasserstoff. Z. B. reagiert das
Natriumhydrür (Wasserstoffnatrium), NaH, erhalten durch
Leiten von Wasserstoff über Natrium bei 340° C, mit Wasser
nach der Gleichung:

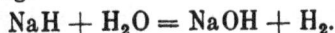

$$NaH + H_2O = NaOH + H_2.$$

1 cbm Wasserstoff erfordert theoretisch 1,079 kg NaH
und 0,807 kg H_2O. Dasselbe Verhalten zeigt das Lithium-
hydrür LiH, welches dadurch bemerkenswert ist, dass es unter
allen bekannten Körpern die grösste Menge Wasserstoff
liefert, 1 kg gibt 2,8 cbm Wasserstoff. Nach der Gleichung:

$$LiH + H_2O = LiOH + H_2$$

erfordert 1 cbm Wasserstoff 0,359 kg LiH und 0,807 kg H_2O.

Eine beschränkte technische Anwendung hat das Kalziumhydrür CaH_2 gefunden.

Man erhält das Kalziumhydrür durch Überleiten von
Wasserstoff über rotglühendes Kalzium (Jaubert). Nach dem
Verfahren der elektrochemischen Fabrik Bitterfeld wird in ge-
schmolzenes Kalzium Wasserstoff eingeleitet. Wegen des exo-
thermen Verlaufs der Reaktion ist nach Einleiten des Prozesses
nur eine geringe Wärmezufuhr nötig. 1 kg Kalzium nimmt in
5 Minuten Wasserstoff bis zur Sättigung auf. Wirft man das
Kalziumhydrür in Wasser, so tritt lebhafte Wasserstoffentwicke-
lung nach:

$$CaH_2 + 2H_2O = Ca(OH)_2 + 2H_2$$

ein. Eine allzu stürmische Reaktion kann man nach Professor
Nass durch Benetzen des Kalziumhydrürs (auch Hydrolith ge-

nannt) mit Petroleum herabmindern. Theoretisch sind für 1 cbm Wasserstoff 0,946 kg CaH_2 und 0,807 kg H_2O erforderlich. Das Verfahren ist teuer. Benutzt wurde es bei der Ostafrika-Expedition des Äronautischen Observatoriums Lindenberg zum Füllen kleiner Ballons mit Hilfe eines von Professor Nass angegebenen Apparates (zu beziehen durch R. Gradenwitz, Berlin S. 14). Für eine fahrbare Anlage hat Jaubert vorgeschlagen, auf einem Wagen eine Reihe von mit Hydrür gefüllten Gefässen hintereinander zu schalten. Nur in den ersten Behälter tritt Wasser, während die übrigen durch das bei der hohen Reaktionswärme entstandene Kondens-Wasser betätigt werden sollen.

Manche Metalle, die bei gewöhnlicher Temperatur auf Wasser nur schwierig einwirken, lassen sich durch geeignete Behandlung in den sogenannten aktiven Zustand versetzen, wodurch sie bedeutend reaktionsfähiger werden. Dies ist z. B. beim Aluminium der Fall. Nach einem Verfahren von Mauricheau-Beaupré (Le Génie Civile 1909, 278) geschieht dies durch Behandeln pulverisierten Aluminiums mit Quecksilberchlorür und Cyankalium; das erhaltene Präparat, Hydrogenit genannt, stellt ein metallisches Pulver vom spezifischen Gewicht 1,42 dar. Der Vorgang tritt nach folgender Gleichung ein:

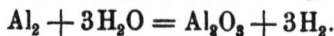

$$Al_2 + 3H_2O = Al_2O_3 + 3H_2.$$

1 kg Hydrogenit liefert mit Wasser bei ungefähr 70° C 1300 l Wasserstoff, 1 cbm Wasserstoff braucht also 812 g Hydrogenit und 1,614 kg Wasser. 1 l Hydrogenitpulver gibt ca. 1700 l Wasserstoff.

Im Laboratorium stellt man gewöhnlich den Wasserstoff durch Einwirkung von verdünnter Salzsäure (1 Teil konz. + 1 Teil Wasser) oder Schwefelsäure (1 Teil H_2SO_4 + 4 Teile Wasser) auf Eisen (Fe) oder Zink (Zn) im Kippschen Apparat her. Hierbei wird der Wasserstoff der Säuren durch Metall verdrängt und es entstehen die Metallsalze der betreffenden Säuren,

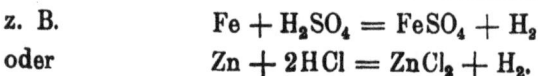

z. B. $$Fe + H_2SO_4 = FeSO_4 + H_2$$
oder $$Zn + 2HCl = ZnCl_2 + H_2.$$

Der entwickelte Wasserstoff ist für gewöhnlich nicht rein, sondern enthält noch Beimengungen gasförmiger Verbindungen, wie Arsenwasserstoff, Phosphorwasserstoff und Kohlenwasserstoffe, die ihm einen schwachen Geruch erteilen. Bei Anwendung von Schwefelsäure kann unter Umständen der entstehende Wasserstoff aus derselben Schwefelwasserstoff entwickeln. Die Gasentwickelung ist um so stürmischer, je unreiner die Ausgangsmaterialien sind, um so träger, je reiner sie sind. Durch Zusatz von einigen Tropfen Platinchlorid oder anderer Schwermetallsalze kann man in letzterem Falle die Entwickelung beschleunigen und gleichmässiger gestalten. Um den Wasserstoff von den obengenannten Verunreinigungen zu befreien, leitet man ihn durch Kaliumpermanganatlösung. Frei von mitgerissenen Säureteilchen wird er durch Waschen mit Kali- oder Natronlauge erhalten. Zum Trocknen leitet man ihn durch konz. Schwefelsäure (Näh. über die Verunreinigungen des Wasserstoffes und deren Beseitigung s. Gmelin-Kraut-Friedheim, Handbuch der anorg. Chemie, 1907, I, S. 70).

Für die dauernde Entwickelung grösserer Gasmengen ist der Kipp'sche Apparat nicht zu empfehlen. Für einen derartigen Zweck sind geeignetere Entwickler konstruiert worden u. a. von Küster und de Koninck. Der Küster'sche Apparat ist ursprünglich nur für die Entwickelung von Schwefelwasserstoffgas gebaut worden, eignet sich aber auch vorzüglich für die Darstellung von Wasserstoff. Der Apparat selbst, siehe Fig. 16 (nach Chemikerzeitung XXIX, 1905, Nr. 13), besteht aus der Säureflasche A, der Nachentwickelungsflasche B, der Entwickelungsflasche C und der Waschflasche D. Die sich daran anschliessende Flasche E dient im Falle der Verwendung des Apparates zur Schwefelwasserstoffdarstellung als Gefäss für die Bereitung von Schwefelwasserstoffwasser und kann für die Zwecke der Wasserstoffentwicklung weggelassen werden (s. Original). Das Entwickelungsgefäss C besitzt einen Inhalt von etwa 35 l und ist ungefähr 45 cm hoch und 30 cm breit. Beschickt wird es durch den mindestens 5 cm weiten Tubus c_1 mit gewöhnlichem Zink in Form von 2 bis 3 cm langen Stangen. Der Säurebehälter

wird mit der rohen 36—38%igen Salzsäure des Handels gefüllt,
von der 2—3 Volume mit 1 Volum Wasser zu verdünnen sind.
Die Verbindung von B nach C stellen die vergrössert gezeichneten
Glasröhren bei b_2 und c_2 her. Das in C hineinragende Ende

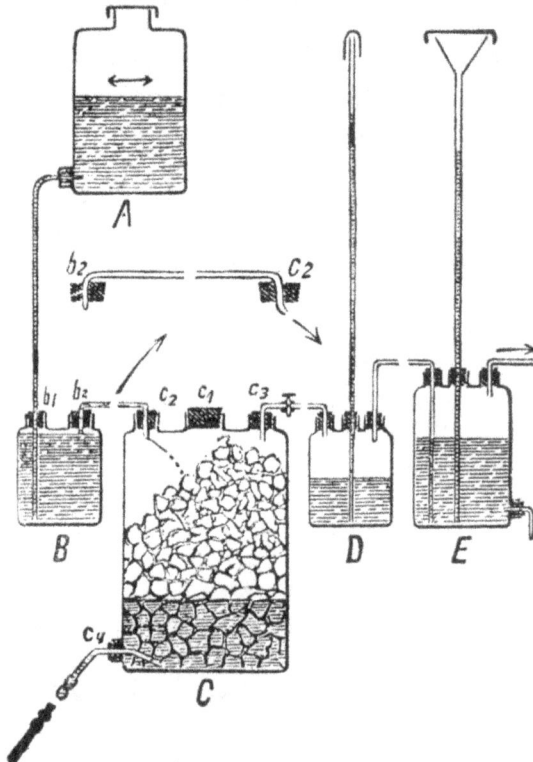

Fig. 16.
Gasentwickler von Küster (Chemiker-Zeitung, XXIX. 1905. Nr. 13).

des Rohres c_2 ist in einem Winkel von 45° umgebogen und
seine Spitze ist zu einer Öffnung ausgezogen, die nicht grösser
als die Spitze einer 10 ccm-Pipette sein soll. Das in B befindliche Ende des Rohres bei b_2 besitzt eine etwas grössere
Öffnung. Bei der Zusammenstellung des Apparates ist darauf

zu achten, dass die horizontalen Teile von b_2 und c_2 genau einander gegenüber stehen. An dem im Tubus c_3 steckenden Ableitungsrohr ist ein Glashahn angebracht. Ist letzterer geöffnet, so strömt die Säure von A nach B, füllt B an, passiert durch b_2 und c_3 und fliesst in feinem Strahl auf das in C befindliche Zink. Es entwickelt sich Wasserstoff, der durch c_3 entweicht, während sich die gebildete Salzlösung unten in C ansammelt. Zum Ablassen der letzteren dient das bei c_4 befindliche, mindestens 1 cm weite Rohr, das am Ende durch einen Gummischlauch und einen Quetschhahn bzw. durch einen in den Gummischlauch gesteckten und gewulsteten Glasstab verschlossen ist. Wird der Glashahn geschlossen, so tritt eine geringe Nachentwickelung ein, die ein teilweises Hinüberdrücken der in B befindlichen Säure nach A bewirkt. Aus der Höhe der Wassersäule des an der Flasche D angebrachten Steigrohres ist der Gasdruck zu erkennen. Bei vorschriftsmässiger Konstruktion und Behandlung arbeitet der Apparat tadellos.

Gleichfalls eine dauernde Gasentwickelung nebst Ausnützung der Säure gewährleistet der in Fig. 17 wiedergegebene Apparat von de Koninck (Chemikerzeitung 17. 1893 Nr. 61). Er enthält ebenfalls zwei Säurebehälter C und B sowie das Entwickelungsgefäss A. Letzteres ist zunächst einige Zentimeter hoch (etwa bis zur Höhe der einander gegenüberstehenden Tuben) mit Glas- oder Porzellanscherben gefüllt, darüber befindet sich dann eine Schicht von Zink in 1 cm langen Stangen. Bei der Inbetriebsetzung wird in C so lange Säure gegeben, bis B damit vollständig, C ungefähr zu drei Vierteln angefüllt ist. Wird jetzt der Glashahn geöffnet, so steigt die Säure durch das mit seitlichem Ansatzrohr versehene Glasrohr m nach A und entwickelt dort Wasserstoff, während die Salzlösung durch n abfliesst und sich, da sie spezifisch schwerer als die Salzsäure ist, auf dem Boden von B ansammelt. Der Wasserstoff wird durch D gewaschen. Beim Schliessen des Glashahns wird die Säure teilweise nach C zurückgedrückt. Durch Unterlegen von Holzklötzen unter die Flasche C kann man dem Gase einen beliebigen Druck erteilen. Ist die Säure erschöpft, so kann sie durch den mittleren Tubus von B abgehebert und durch frische ersetzt werden. (Beachte die Bemerkungen S. 124, Zeile 6.)

Zur Aufbewahrung von Wasserstoff oder anderen Gasen dienen im Laboratorium kleine Gasbehälter von 20—25 l In-

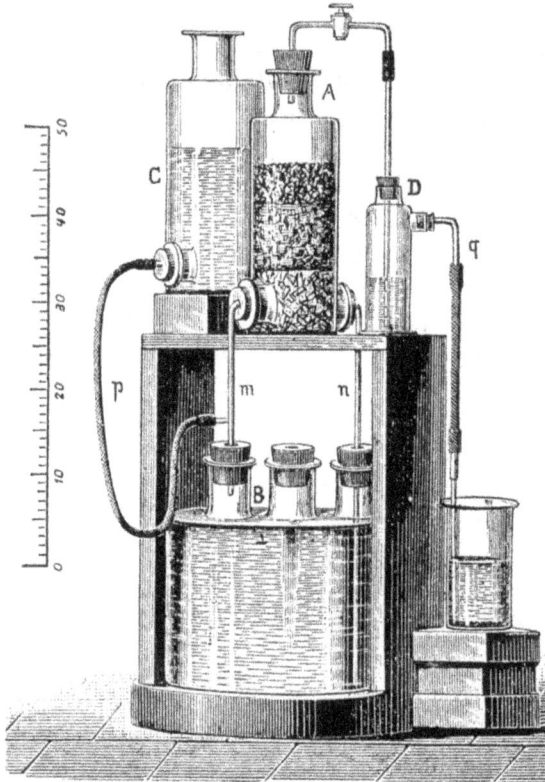

Fig. 17.
Gasentwickler nach de Koninck.

halt. Man benutzt gewöhnlich solche aus Metall. Doch gibt es auch gläserne, die jedoch ein geringeres Fassungsvermögen haben. In Fig. 18 ist ein Gasbehälter schematisch gezeichnet. Will man denselben in Betrieb setzen, so sind zuerst die

Hähne A, B und C zu öffnen, während der Schraubenverschluss S geschlossen ist. Nun giesst man in den Aufsatz so lange Wasser, bis dasselbe aus C ausfliesst. Man schliesst jetzt C und füllt weiter mit Wasser auf, bis aus A keine Luftblasen mehr entweichen. Der untere Zylinder ist dann vollständig mit Wasser angefüllt. Nachdem B und A geschlossen sind, wird S geöffnet und durch S das betreffende Gas vermittels eines nach oben gebogenen Rohres aus dem Gasentwickler eingeleitet. Das durch das Gas verdrängte Wasser fliesst durch S ab. Ist der Gasometer gefüllt, so wird der Verschluss wieder aufgeschraubt. Will man jetzt Gas entnehmen, so werden die Hähne B und C geöffnet. Das in dem Aufsatz befindliche Wasser fliesst durch B in den unteren Zylinder, so Gas verdrängend, das durch C entnommen werden kann. Aus dem Stand des Wassers im Wasserstandsrohr R ist die im Gasometer befindliche Gasmenge ersichtlich.

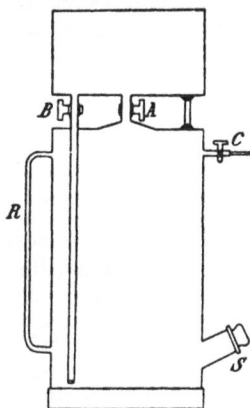

Fig. 18.
Gasbehälter für Laboratorien.

Während die genannten Methoden auf chemischer Wirkung beruhen, kann man auf physikalischem Wege durch Elektrolyse des Wassers ebenfalls Wasserstoff erzeugen.

Allgemeines über die Elektrolyse von Wasser.

Unter „Elektrolyse" versteht man die Vorgänge, die eintreten, wenn der elektrische Strom Leiter zweiter Klasse zersetzt. Letztere sind chemische Verbindungen, Säuren, Basen oder Salze in gelöstem oder geschmolzenem Zustand. Da reines Wasser nach den Untersuchungen von Kohlrausch den elektrischen Strom nicht leitet[1]), so ist es zur Einleitung der Zer-

---

[1]) Eine Säule reinsten Wassers von 1 mm Höhe würde dem Strom einen noch grösseren Widerstand entgegensetzen, als eine gleich dicke, 300 Mal um den Erdäquator geführte Kupferdrahtleitung. Lüpke, Grundzüge der Elektrochemie. Berlin, Julius Springer.

setzung des Wassers nötig, dasselbe durch den Zusatz genannter Körper leitend zu machen. Säuert man Wasser z. B. mit Schwefelsäure an und schickt den elektrischen Strom durch die Flüssigkeit, indem man zwei mit einer Stromquelle verbundene Platinelektroden eintaucht, so tritt folgender Vorgang ein. Nach einer allgemein anerkannten Theorie des Chemikers Svante Arrhenius muss man annehmen, dass die verdünnte Schwefelsäure H_2SO_4 zu einem Teil zerfallen ist in Teilchen H_2 und Teilchen SO_4, von denen erstere eine positive, letztere eine negative elektrische Ladung besitzen. Man nennt diese Teilchen Ionen. Schaltet man jetzt den elektrischen Strom ein, so werden durch denselben die positiven H_2-Ionen nach dem negativen Pol (Kathode) transportiert, geben dort ihre positive Ladung ab und der Wasserstoff entweicht in elementarer Form. Die negativen SO_4-Ionen dagegen wandern (Ionen stammt aus dem Griechischen und heisst die Wandernden), nach dem positiven Pol (Anode), um dort ihre negative Ladung abzugeben. Da jedoch der Säurerest SO_4 in freiem Zustande nicht existiert, so macht er an der Anode aus dem Wasser unter Rückbildung von Schwefelsäure Sauerstoff frei nach der Gleichung:

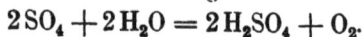

$$2SO_4 + 2H_2O = 2H_2SO_4 + O_2.$$

Nimmt man Natronlauge NaOH, also eine Base, so zerfällt das NaOH unter den geschilderten Verhältnissen in freies Natrium und das Hydroxyl OH:

$$4NaOH = 4Na + 4OH.$$

Das Natrium zersetzt im Entstehungszustand das Wasser in Wasserstoff unter Rückbildung von Natronlauge:

$$2Na + 2H_2O = 2NaOH + H_2,$$

das nach dem positiven Pol wandernde Hydroxylion gibt daselbst Sauerstoff und Wasser nach der Gleichung:

$$4OH = 2H_2O + O_2.$$

Während also scheinbar das Wasser direkt in Wasserstoff und Sauerstoff zerlegt wird, geschieht dies erst, wie aus den angeführten Beispielen ersichtlich, durch die Mitwirkung der zugesetzten chemischen Verbindungen. Für angesäuertes Wasser liegt die Zersetzungsspannung bei 1,67 Volt (zur Abscheidung des Wasserstoffs sind 1,08, zur Abscheidung von Sauerstoff 0,59 Volt, zusammen 1,67 Volt erforderlich. Vgl. Glaser, Zeitschrift f. Elektrochemie 4 p. 373 u. 397.) Bei der Elektrolyse von mit Schwefelsäure angesäuertem Wasser entsteht:

1. am negativen Pol Wasserstoff, am positiven Sauerstoff;

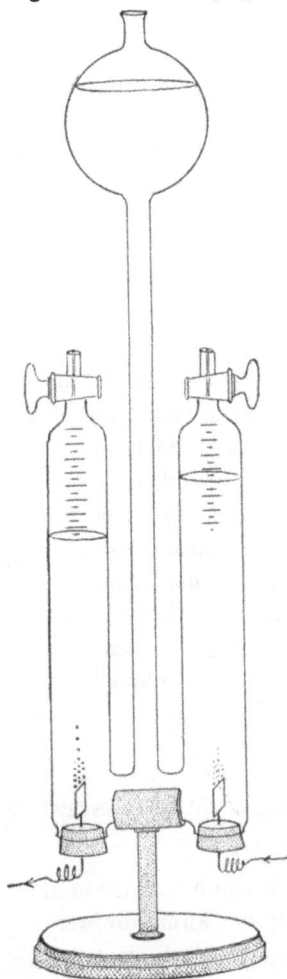

Fig. 19.
Apparat von Hoffmann, einfache Form.

Fig. 20.
Wasserzersetzungsapparat v. Hoffmann, verbesserte Form. (Ostwald, Grundlinien der anorganischen Chemie. 1900. W. Engelmann, Leipzig.

2. dem Volumen nach doppelt soviel Wasserstoff wie Sauerstoff;
3. dem Gewicht nach achtmal soviel Sauerstoff als Wasserstoff.

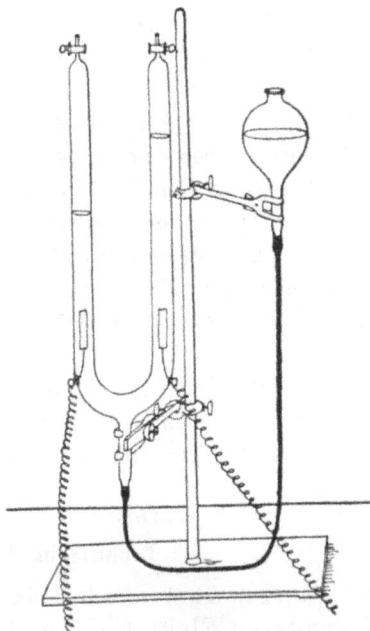

Die durch einen Strom von 1 Ampère abgeschiedene Menge
Wasserstoff (bei 0° und 760 mm) beträgt in 1 Sek. 0,1160 ccm,
in 1 Min. 6,960 ccm, in 1 Stunde 417,00 ccm.

Für die Herstellung elektrolytischen Wasserstoffs im
Laboratorium benutzt man meistens die Wasserzersetzungs-
apparate von Hoffmann. Der in Fig. 19 dargestellte Apparat[1])
besteht aus zwei U-förmig mit einander verschmolzenen Glasröhren, die am oberen Ende mit Glashähnen versehen sind,
während sie unten durch Gummistopfen verschlossen sind.
Durch letztere gehen die Stromzuführungen für die Elektroden,
als welche Platinbleche dienen.

Zur bequemen Messung der Gase sind die Glasröhren mit
einer Teilung versehen. Auf dem Verbindungsstück der beiden
Messröhren ist ein Kugelrohr eingeschmolzen, das sowohl zur
Füllung des ganzen Apparates dient, als auch die bei der Gasentwickelung aus den Röhren verdrängte Flüssigkeit aufnimmt.
In Fig. 20 ist eine der neuesten Formen des Apparates wiedergegeben[2]). An Stelle des mitttleren Kugelrohres besitzt dieses
ein Sammelgefäss, das verstellbar ist und daher gestattet, die
Gase beliebig schnell ausströmen zu lassen. Die Zuführungs-
drähte für die Elektroden sind eingeschmolzen. Zum Betriebe
der Hoffmannschen Apparate dienen gewöhnlich Akku-
mulatoren. Näheres siehe Engelhardt Fussnote 3, wo noch
andere Apparate beschrieben sind.

B. Technische Darstellungsmethoden für Wasserstoff.
1. Technische Elektrolyse.

Allgemeines über die bei der technischen Elektrolyse
verwendeten Elektrolyte und Elektrodenmaterialien[3]).

Als Elektrolyten benutzt man sowohl verdünnte Schwefelsäure, als auch Lösungen von Alkalien, z. B. Natronlauge, Kalilauge oder Pottasche. Schwefelsäure besitzt die grösste Leit-

[1]) Nach Schoop, Elektrolyse des Wassers. Stuttgart, Ferd. Enke.
[2]) Ostwald, Grundlinien der anorganischen Chemie. 1900. Leipzig.
W. Engelmann.
[3]) Nach Engelhardt, Elektrolyse des Wassers. W. Knapp, Halle
a. d. Saale und Schoop, Elektrolyse des Wassers. Stuttgart, Ferd. Enke.

fähigkeit bei einem Gehalt von 30% H_2SO_4, ihr spez. Gew. würde dann gleich 1,235 sein. Die Maxima der Leitfähigkeit für Ätznatron bezw. Ätzkali in wässeriger Lösung liegen bei einem Gehalt von 17 % bezw. 28% der Flüssigkeit an genannten Basen. Mit Zunahme der Temperatur steigt allgemein die Leitfähigkeit der Elektrolyte. Bei einer Temperatur von 60°C leitet 30% Schwefelsäure doppelt so gut als bei 10°C. Die Erhöhung der Temperatur des Elektrolyten erfolgt von selbst. beim Durchgang des Stromes oder wird auch künstlich bewirkt. Als nötige Zersetzungsspannung sind mindestens rund 1,5 Volt erforderlich, wegen Zunahme des Leitungswiderstandes (Polarisation) kann die nötige Spannung bis auf das Doppelte, rund 2,5 bis 3 Volt steigen. Über die Vorteile bzw. Nachteile der erwähnten sauren oder alkalischen Elektrolyte sind die Meinungen geteilt. Sie richten sich nach dem verwendeten Elektrodenmaterial. Nach Schoop besitzen Bleielektroden bei Anwendung saurer Bäder grosse Haltbarkeit. Ferner besitzt Blei den Vorzug leichter Bearbeitungsfähigkeit, auch büsst es seinen Materialwert nicht ein. Ein Nachteil von Bleielektroden ist dagegen, dass sie in saurer Lösung beim Stromdurchgang einen Polarisationsstrom (Gegenelektromotorische Kraft) erzeugen, zu dessen Überwindung 2,5—3 Volt nötig sind. Die Vorteile bei der Verwendung von Eisenelektroden sind leichtere und stabilere Konstruktionen, auch ist bei der hier nur in Frage kommenden Verwendung von alkalischen Elektrolyten der gleichzeitig neben Wasserstoff erzeugte Sauerstoff ozonfrei, was für die mögliche Verwendung desselben wichtig sein kann. Leider haftet dem Eisen der Nachteil an, dass es in alkalischer Lösung unter der Einwirkung des Elektrolyten Eisensäure bzw. deren Salze bildet, wodurch ein grösserer Elektrodenverschleiss herbeigeführt wird.

Die nach den verschiedenen Verfahren gebauten Apparate teilt Engelhardt ein in Apparate

    a) mit porösen Diaphragmen aus nichtleitendem Material, z. B. Apparate von Schmidt,

    b) mit vollen, nicht leitenden Scheidewänden, z. B. System Schoop,

    c) mit vollen oder durchbrochenen, leitenden Scheidewänden, Apparate von Garuti und Schuckert & Co.

Beschreibung elektrolytischer Wasserzersetzungsapparate.

a) **Apparat von Dr. Oskar Schmidt in Zürich.** Der in Fig. 21 in der äusseren Ansicht dargestellte Apparat ähnelt in seinem Aussehen einer Filterpresse. Charakteristisch bei demselben ist die Verwendung sog. bipolarer Elektroden. Zur näheren Erläuterung des Wesens derselben diene Fig. 22. In dieser bedeuten E_1 und E_3 je eine Endelektrode, E_2 eine der zahlreichen

Fig. 21.
Elektrolyseur von Schmidt.

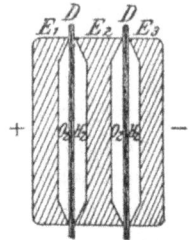

Fig. 22.

mittleren Elektroden, D zwei Diaphragmen. Denkt man sich vorerst E_2 sowie die Diaphragmen weg, so entwickelt sich bei einer Spannung von rund 1,5 Volt an der positiven Elektrode E_1 Sauerstoff, an der negativen Wasserstoff. Teilt man jetzt den Zersetzungsraum durch Einführen der Elektrode E_3 in zwei getrennte Räume ab und steigert gleichzeitig die Spannung auf 3 Volt, so wirkt die Elektrode E_3 bipolar, d. h. es entsteht an der der Anode zugekehrten Seite Wasserstoff, an der der Kathode zugekehrten Sauerstoff. Eine Vermischung der entstandenen Gase verhindern die Diaphragmen D. Letztere bestehen aus am Rande gummierten Asbesttüchern. Zur Ableitung der Gase dienen zwei Kanäle, von denen der eine mit den Anodenräumen, wo sich der Sauerstoff entwickelt, in Verbindung steht, der andere mit den Kathodenräumen kommuniziert, um den daselbst entstandenen Wasserstoff abzuleiten. Die Kanäle sind dadurch gebildet, dass die Elektroden oben an ihrem verdickten Randteil durchbohrt sind. Durch die Gasentwickelung an der Oberfläche der Elektroden entsteht im Apparat eine selbsttätige Flüssigkeitszirkulation, welche die mit Gasblasen durchsetzte Lösung in die zylindrischen Gasabscheider (s. Fig. 21 Mitte) befördert, wo sich die Gase von der Flüssigkeit trennen. Diese tritt unten wieder in die Kammern des Apparates ein. Zu dem Zweck sind unten an den Elektroden ebenfalls zwei Kanäle angeordnet. Als Elektrolyt wird eine schwache Lösung von Pottasche (Kaliumkarbonat) benutzt, die den Apparat ganz erfüllt. Die Gase können unter einem Druck bis zu 1 m Wassersäule abgeleitet werden. Das in Fig. 21 (Mitte) sichtbare Trichterrohr dient zum Nachfüllen des Elektrolyten, die Entleerung des Apparates geschieht durch den unten befindlichen Hahn. Der entwickelte Wasserstoff ist ungefähr 99%ig, der Auftrieb würde dann 1,193 kg (0°, 760 mm) betragen. Bei der Verwendung von Wasserstoff allein betragen die Selbstkosten bei einer Produktion von 18000 cbm pro Jahr 45 bis 77 Pfg. pro cbm[1]).

Die Firma A. Riedinger, Ballonfabrik Augsburg, die die Alleinvertretung für Luftschifferzwecke besitzt, baut folgende Typen von Elektrolyseuren System Schmidt.

Prod. cbm in 24 Std.	Anzahl der Elektrolyseure.	Anzahl Platten der Elektrolyseure.	Kraftbedarf KW.	PS.	Kraftbedarf z. Kompression.	Total PS.
150	2	95	44	60	5	65
260	3	95	66	90	7	97
300	3	108	80	110	10	120
600	6	216	170	232	13	246

[1]) Näheres s. Engelhardt.

Nach den speziellen Untersuchungen von Professor Lorenz
(Zürich) ergab ein 47 zelliger Apparat bei einer Spannung von
114,8 Volt und einer Stromstärke von 200,8 Amp. eine Stundenleistung von 3,4 cbm (0°, 760 mm). Pro Zelle und pro Amp.-Stunde
entfallen somit 0,359 l (0°, 760 mm). Da nun nach dem Fara-
dayschen Gesetze pro Amp.-Stunde und Zelle 0,4176 l entwickelt
werden können, so entspricht dies einer Stromausbeute von
85,9 %. Die Apparate sollen eine Überlastung bis zu 30 % ver-
tragen können. Mit Elektrolyseuren Schmidtschen Systems
ist u. a. durch die Firma Riedinger 1902 das Ballonschiff Nr. 1
der königl. schwedischen Marine ausgerüstet worden. Genannte
Firma baut ferner fliegende Gaszentralen, deren Zweck es ist, im
Kriege die Luftschiffertruppen unabhängig von jedem Nachschub
von Gasflaschen mit komprimiertem Wasserstoff zu machen.
In Fig. 23 ist eine solche Gaszentrale abgebildet. Dieselbe
setzt sich folgendermassen zusammen:

2 Lokomotiven mit Tendern.

2 Waggons mit je einem Dampfmotor, der durch den
Maschinendampf gespeist wird, und je einem Dynamo.

3 Waggons mit je einem Elektrolyseur, ausserdem in zweien
dieser Waggons je ein Apparat zur Erzeugung destillierten
Wassers und 2 Kompressoren (je einer für 9 cbm Leistung pro
Stunde).

3 Waggons mit je 200 Gasflaschen à 36 l Inhalt.

2 Waggons für Ballone und Geräte.

1 Reparatur-Waggon.

2 Mannschaftswagen mit Schlafräumen, Küche u.s.w.

1 Schlafwagen für Offiziere und Beamte.

Die Totalproduktion dieser fliegenden Zentrale beläuft sich auf
rund 230 cbm in 24 Stunden. Der Inhalt der 3 Flaschenwaggons
beträgt bei 150 Atm. Betriebsdruck rund 3200 cbm, ein Vorrat,
der zur viermaligen Füllung eines 750 cbm Drachenballons aus-
reichen würde.

b) Verfahren von Schoop. Schoop benutzt bei seinen
Apparaten röhrenförmige Elektroden aus Blei. In Fig. 24 ist
ein Elektrolyseur nach Schoop schematisch wiedergegeben.

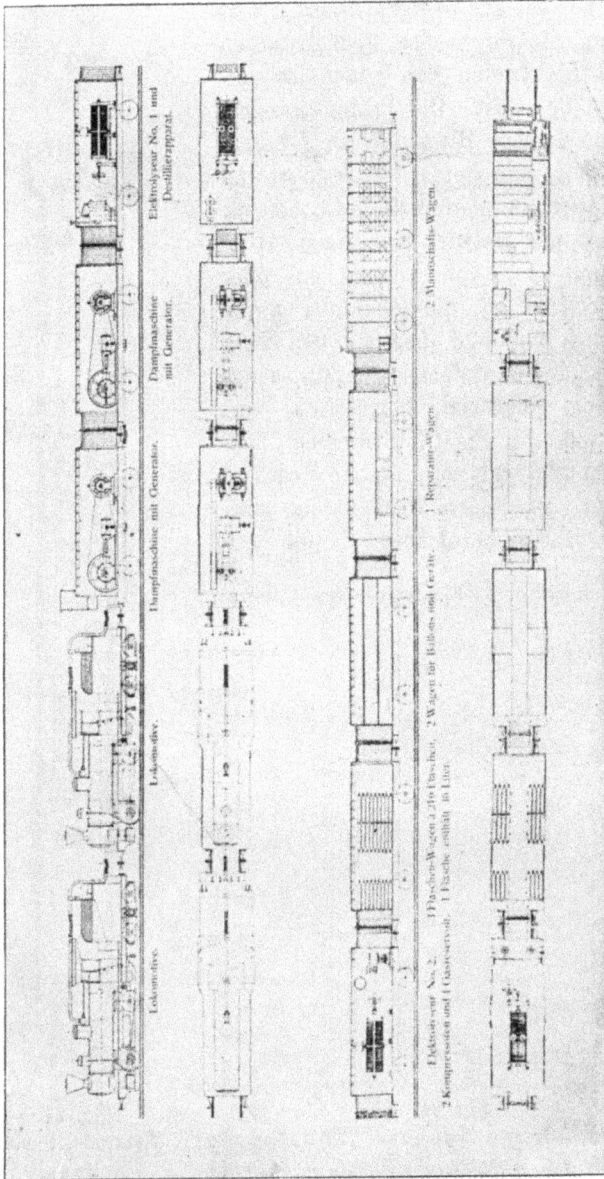

Fig. 23.

Fliegende Gaszentrale mit Elektrolyseuren „System Schmidt".

Derselbe besteht aus zwei miteinander verbundenen Zersetzungszellen. Jede derselben
enthält 4 Elektroden von paarweise verschiedener Polarität. Die röhrenförmigen,
innen mit feinem Bleidraht ausgefüllten
Elektroden a sind unten durchlöchert und
besitzen auch am oberen Ende Löcher für
den Abzug der entwickelten Gase. Umgeben sind sie von Glasröhren oder
Porzellanröhren c, die ebenfalls unten
durchlöchert sind und oben mit den Elektroden durch eine aufgegossene Masse aus
isolierendem Material hermetisch verbunden sind. In Fig. 25 [1]) ist eine Elektrode eines Elektrolyseurs System Schoop
in etwas vergrössertem Massstabe dargestellt. Darin bezeichnet M die Ab-

[1]) Nach Schoop, Elektrolyse des Wassers.

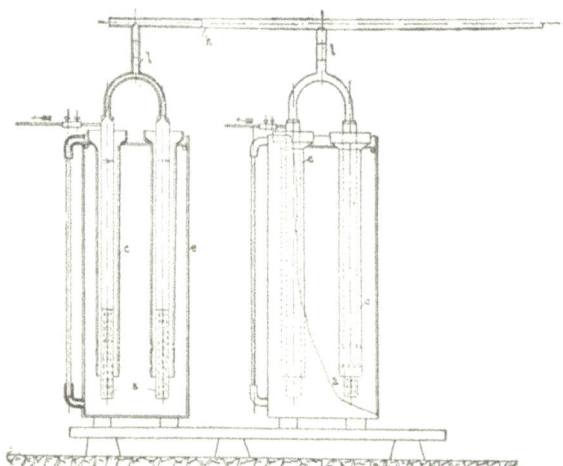

Fig. 24.
Elektrolyseur, System Schoop. (Engelhardt,
Elektrolyse des Wassers, W. Knapp, Halle a./S.)

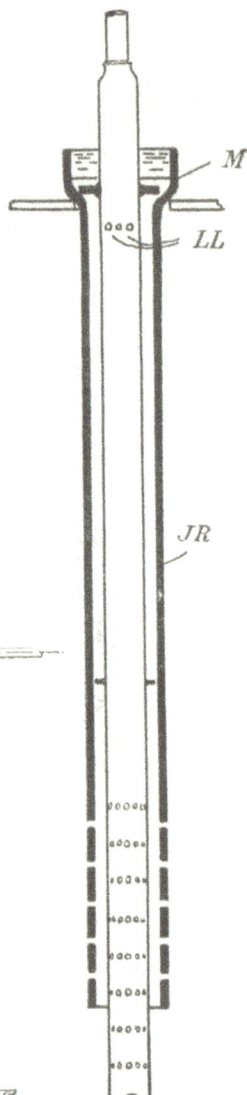

Fig. 25.
Elektrode, System
Schoop.

dichtungsmuffe, über deren hermetische Schicht zur Kontrolle
etwas Wasser gegossen ist, LL sind Löcher, die den zwischen
Isolierrohr und Bleirohr entwickelten Gasen den Abzug gestatten,
JR ist das durchlöcherte Porzellanrohr. Der erzeugte Wasserstoff und Sauerstoff soll eine ideale Reinheit besitzen. Für die
elektrische Pferdekraftstunde soll die Ausbeute 68 Liter Sauerstoff und 136 Liter Wasserstoff betragen. Nimmt man die
Kosten der Kilowattstunde auf 1—5 Pf. an, so kommt der cbm

Fig. 26.
Apparat von Schoop. (Engelhardt, Elektrolyse des Wassers,
W. Knapp, Halle a./S.)

Wasserstoff auf 9,3—46,5 Pf., der cbm Sauerstoff auf 18,6—93 Pf.
zu stehen. Eine Ansicht der Schoopschen Versuchsanlage
zeigt Fig. 26. (Aus Engelhardt, Technische Elektrolyse des
Wassers.) Näh. s. Schoop und Engelhardt.

c) Apparat von Garuti. Der eigentliche elektrolytische
Apparat besteht aus einem rechtwinkligem Kasten, der, unten
offen, durch Metallwände in schmale Abteilungen geteilt ist.
Diese metallischen Wände dienen zur Trennung der Gase. In

die durch die Metallwände gebildeten Kammern sind mittels
hölzerner Kämme die Elektroden eingeführt. Die durch die
Scheidewände gebildeten Kammern sind abwechselnd durchlocht.
Die Öffnungen der Kammern münden in zwei Glocken, in denen
die Gase sich sammeln und die auch als Druckregler dienen.
Der ganze Elektrolyseur befindet sich in einem mit Blei aus-

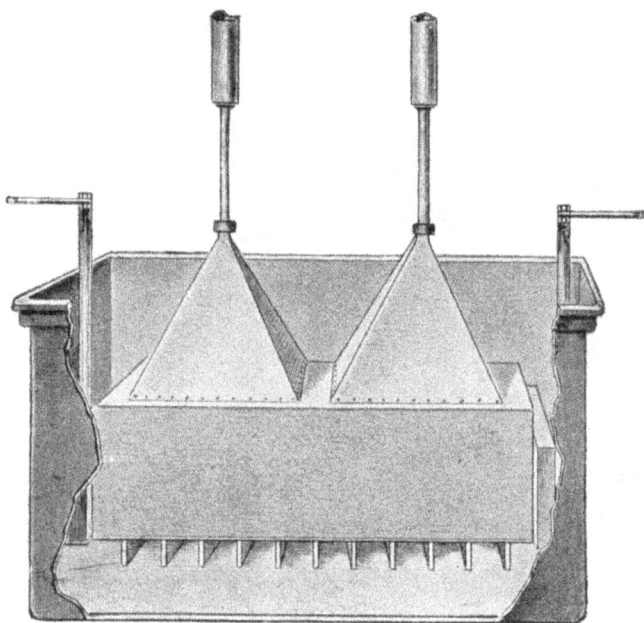

Fig. 27.
Entwickler von Garuti.

geschlagenen Holzkasten, der den Elektrolyten aufnimmt. Die
Spannung darf nicht über 3 Volt betragen, damit die Scheidewände nicht als bipolare Elektroden wirken, wodurch sonst
Knallgas entsteht. Während Garuti zuerst Blei als Konstruk-
tionsmaterial anwendete (Schwefelsäure als Elektrolyt), benutzte
er bei seinen abgeänderten Apparaten (teilweise Durchlöcherung
der Scheidewände) Eisen und als Elektrolyten Natronlauge. Die
italienische Luftschifferabteilung in Rom besitzt eine nach

Garutis System angelegte Wasserstoffanlage mit 51 Elektrolyseuren zu 400—450 Amp. und 3 Volt pro Zelle, die Sauerstoff- und Wasserstoffwerke in Luzern eine solche von 48 Elektrolyseuren mit einer Tagesleistung von 100 cbm Wasserstoff und 50 cbm Sauerstoff. Ferner gibt es Anlagen in Brüssel und Paris. In Fig. 27 ist die äussere Ansicht eines Garuti-Entwicklers wiedergegeben. (Näh. s. Engelhardt und Schoop.)

d) Verfahren der Elektrizitäts-Akt.-Ges. vorm. Schuckert & Co. Der Apparat Fig. 28 besteht aus einer gusseisernen Wanne, in die die entsprechende Anzahl Glocken b eingebaut ist, die zum Auffangen der an den Elektroden c abgeschiedenen Gase dienen. Abgesehen von den kupfernen Stromzuführungsschienen ist nur Eisen als Baumaterial verwendet. Zwischen je zwei ungleichnamigen Elektroden befindet sich eine Scheidewand aus isolierendem Material d, die nicht so tief eintaucht als die Elektroden. Die Glocken bedecken die Elektroden ungefähr nur bis zur Hälfte und sind von den Elektroden isoliert. Als Elektrolyt dient eine 15%ige wässerige Ätznatronlösung. Das durch die Elektrolyse verschwundene Wasser muss von Zeit zu Zeit ersetzt werden (Aräometerkontrolle), das Ätznatron für gewöhnlich nicht. Jeder Elektrolyseur arbeitet mit der rationellsten Spannung von 2,8 Volt, wenn die Flüssigkeit auf einer Temperatur von 70° C erhalten wird, was die Stromwärme bewirkt. Zu dem Zweck sind die Apparate mit einer Wärmeschutzmasse, Sand in Holzkästen, umgeben. Die Gase werden durch Kondenstöpfe und Waschapparate gereinigt und dann in Gasometern aufgefangen. Der Wasserstoff ist 97—98%ig. Ein normaler Apparat für eine Betriebsstromstärke von 600 Ampères ist 66 cm lang, 45 breit, 36 hoch, fasst 50 l Lauge und wiegt 220 kg. Produktion pro Stunde 220 l Wasserstoff (15° C, 760 mm).

Anlagekosten:

40 Apparate für 600 Ampères à 250 Mk. = 10 000 Mk.
Füllung der Bäder, Montage usw. . . . . = 4 000 „
Gebäude, 70 qm bebaut . . . . . . = 4 000 „
Summa: 18 000 Mk.

Bei 300 cbm täglicher Gesamtproduktion betragen die reinen Kraftkosten pro cbm Wasserstoff bei einem Grenzpreis von 1—5 Pf. pro Kilowattstunde 8,16—40,8 Pf., die Betriebskosten ungefähr 22,26—54,9 Pf. Die Komprimierung eines Kubikmeters Wasserstoff kostet ungefähr 20—25 Pf. Derartige An-

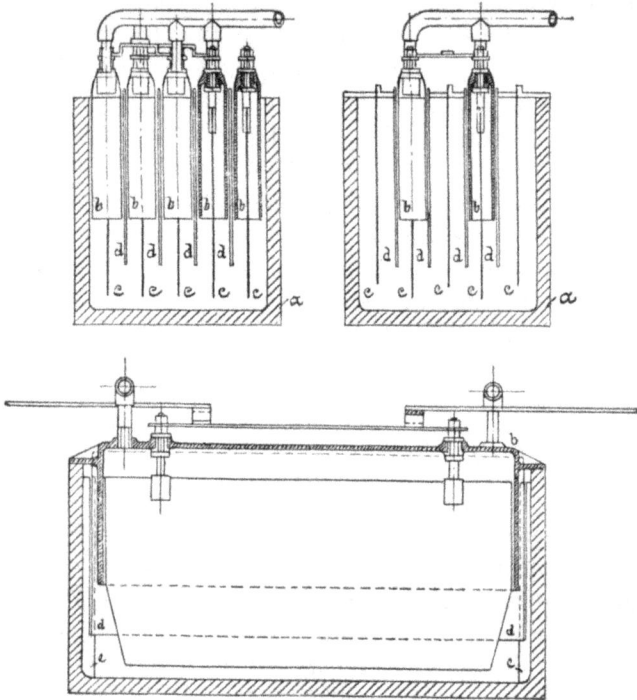

Fig. 28.

Elektrolyseur, System S c h u c k e r t. (E n g e l h a r d t, Elektrolyse des Wassers, W. Knapp, Halle a./S.)

lagen sind von S c h u c k e r t & C o. für Militärzwecke in Kehl am Rhein und in Metz gebaut. Jede liefert in 24 Std. ungefähr 600 cbm Wasserstoff. Eine andere Anlage besitzt die Platinschmelze W. C. H e r ä u s in Hanau.

Bezüglich der wirtschaftlichen Seite elektrolytischer Wasserstoffanlagen ist folgendes zu bemerken. Solche Anlagen besitzen einen verhältnismässig grossen Umfang und grosse Betriebskosten. Sie rentieren sich nur, wenn billige Kraft zur Erzeugung des elektrischen Stromes zur Verfügung steht, z. B. Wasserkräfte oder die ebenfalls sehr billig arbeitenden Hochofengasmotoren. Sonst kann der Wasserstoff nur billig erzeugt werden, wenn er als Nebenprodukt gewonnen wird, wie es z. B. der Fall ist bei der Darstellung von Chlor und Ätznatron in der chemischen Fabrik „Elektron" (Griesheim a. Main und Bitterfeld), wo aus Kochsalzlösung durch Elektrolyse als Hauptprodukte Chlor und Ätznatron, als Nebenprodukt Wasserstoff gewonnen wird, nach der Gleichung:

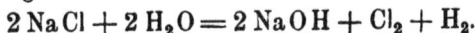

$$2\,NaCl + 2\,H_2O = 2\,NaOH + Cl_2 + H_2.$$

Die kommerzielle Seite der Wasserstoffelektrolyse hängt ferner davon ab, ob der erzeugte Wasserstoff an Ort und Stelle verwendet wird, z. B. zum Füllen von Ballons, oder ob derselbe im komprimierten Zustande in Bomben für den Weitertransport bestimmt ist. In letzterem Falle kommen noch die Kompressions- und Frachtkosten dazu.

2. Wasserdampf über glühendes Eisen.

Während die Alkalimetalle leicht aus Wasser Wasserstoff abspalten, wie auf S. 68 dargelegt worden war, wirken andere Metalle, z. B. Eisen, erst bei höherer Temperatur in diesem Sinne auf Wasser ein. Leitet man daher einen Strom von Wasserdampf über glühendes metallisches Eisen, so wird das Wasser zersetzt und es entstehen Wasserstoff und Eisenoxyduloxyd:

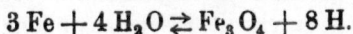

$$3\,Fe + 4\,H_2O \rightleftarrows Fe_3O_4 + 8\,H.$$

Um die Zersetzung nach dieser Gleichung zu erzielen, ist es erforderlich, dass der entstandene Wasserstoff durch kontinuierlich nachströmenden Wasserdampf fortgeführt wird, in dem Masse, wie er sich bildet. Die Zersetzung des Wasserdampfes hört nämlich nach Sainte-Claire Deville auf, sobald der Wasserstoff in dem Gemisch von Gas und Dampf eine für jede Temperatur des Eisens bestimmte Tension erlangt. Steigt die Tension des Wasserstoffs über das für jede Temperatur geltende

Mass, so tritt eine rückwärtsgehende Zersetzung ein: der Wasserstoff reduziert das Eisenoxyduloxyd zum Metall unter Regeneration von Wasser. Aus diesem Grunde sind rechte und linke Seite obiger Gleichung nicht durch das Gleichheitszeichen (=) getrennt, sondern durch zwei in entgegengesetzter Richtung verlaufende Pfeile ($\rightleftarrows$), wodurch angedeutet wird, dass die Reaktion umkehrbar ist. (Über das Gleichgewicht zwischen Fe, Fe_3O_4, H und H_2O s. Preuner, Zeitschr. f. Physikal. Chemie, 47, 1904, 385.) Verliefe die Gleichung nur im Sinne von links nach rechts, so wären für die Herstellung von 1 cbm Wasserstoff 1881 g Fe und 806 g Wasserdampf erforderlich.

a) Methode von Coutelle, 1793 bei den französischen Aérostiers eingeführt.

Sieben eiserne, besser kupferne lange Retorten wurden 3 oben, 4 unten, in einen Ziegelsteinofen eingebaut. Arbeitszeit 12 Stunden. Die Rohre wurden mit rostfreien Eisenfeilspänen gefüllt und beide Enden mit Deckeln verschlossen und gut verkittet. Durch diese Deckel ging auf der einen Seite ein kleines Rohr zur Zuführung des Dampfes, auf der anderen ein Rohr zur Ableitung des Gases. Letzteres wurde zunächst durch einen Bottich mit Kalkwasser und darauf in den Ballon geführt.

Das Feuer musste bis zur Weissglut etwa 40 Stunden unterhalten werden, um einen Ballon (450 cbm) zu füllen.

b) Bei Giffards Verfahren wird zuerst in einem Generator Koks durch Einblasen von Luft vergast. Das entstehende Generatorgas wird durch einen gesonderten, mit feuerfestem Material gefüllten Reinigungsturm von der Flugasche befreit und sodann durch die Eisenglanzfüllung eines gesondert aufgestellten Generators geleitet. Das Eisenoxyd wird hierdurch erhitzt und gleichzeitig zu metallischem Eisen reduziert; nun wird in diesen letzteren Erzeuger Wasserdampf hineingeblasen, der sich mit dem Eisen in Eisenoxyduloxyd, Fe_3O_4, und Wasserstoff umsetzt. Wird dann in den Generator Gas eingeleitet, so wiederholt sich die geschilderte Reduktion des Eisenoxyduloxyds usw. Die Eisenfüllung wird bald unbrauchbar, weil infolge Schwefelgehalts des Koks sich Schwefeleisen bildet,

welches das Material mit einer schützenden Schicht überzieht,
überdies leicht schmilzt und ein Zusammenbacken der ganzen
Füllung bewirkt.

c) Der Apparat von Dr. Strache besteht (s. Fig. 29)[1]) aus
den Kammern K zur Aufnahme des Brennmaterials, E zur
Füllung mit Eisenspänen und R als Regenerator.

Nachdem in der Kammer K Feuer angemacht, wird letztere
mit Holzkohle beschickt und Kammer E mit Eisenspänen gefüllt; hierauf wird durch die Windleitung L_1 in die Kammer K

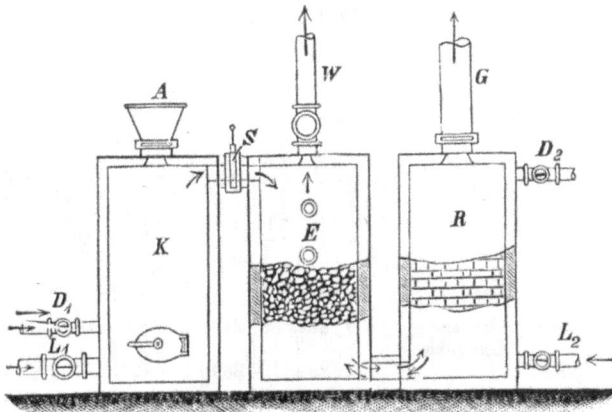

Fig. 29.
Wasserstofferzeuger von Strache.

Luft eingeblasen. Die Generatorgase ziehen in die Kammer E,
erhitzen das Eisen und reduzieren gleichzeitig vorhandene Eisenoxyde zu Eisen. Das überschüssige Kohlenoxydgas wird im
Regenerator R durch Einblasen von Luft aus der Windleitung L_2
verbrannt und die feuerfesten Steine desselben dadurch bis zur
Gelbglut erhitzt, während die Verbrennungsgase durch den Rauchkanal G entweichen.

Nunmehr werden der Schieber S und der Rauchkanal G
geschlossen, das Ableitungsrohr W geöffnet und durch das

[1]) Aus Moedebecks Taschenbuch für Flugtechniker und Luftschiffer. Kap. Technik der Gase, von Dr. F. Brähmer. M. Krayn,
Berlin W 57.

Rohr D_2 Dampf eingeblasen, der sich im Regenerator stark erwärmt und in der Kammer E Wasserstoffgas und Eisenoxyduloxyd liefert. Nach beendigter Reaktion wird wieder reduziert und wenn das Eisen lebhaft glüht, mit der Gasentwickelung begonnen usw.

Auf diese Art ist sozusagen ein ununterbrochener Betrieb des Apparates bei möglichst vollständiger Wärmeausnutzung und unter beständiger Reduktion des entstehenden Eisenoxyduloxydes zu metallischem Eisen ermöglicht[1]).

Um einen Einblick in die Gasung mit diesen Apparaten zu gewinnen, ist nachfolgende Tabelle, welche die „Internationale Wasserstoff-Aktien-Gesellschaft" herausgegeben hat, beigefügt.

Versuchs-No.	Datum 1899	Kohlengattung	Versuchsdauer in Stunden	Chargenzahl	Verbranntes Brennmaterial in kg	Erreichte Gasmenge in cbm	Leistung pro Stde. in cbm	Mittlere Gasmenge pro Charge in cbm	Brennmaterialverbrauch pro 1 cbm Gas in kg	Kohlenstoffverbrauch pro 1 cbm Gas in kg	Gasmenge aus 1 kg Kohlenstoff in cbm
1	2. Oktober	Grazer Gaskoks	7,0	25	85	211	30	8,4	0,40	0,36	2,78
2	1. Oktober		7,0	29	110	239	34	8,2	0,46	0,41	2,44
3	11. Oktober		7.0	30	127	197	28	6.6	0,64	0,45	2,22
4	7. Oktober		4,5	16	77	135	30	8,4	0,57	0,40	2,50
5	7. Oktober	Oberschles. Steinkohle (Sandkohle)	6,5	28	134	213	33	7,6	0,63	0,44	2,27
6	6. Oktober		4,5	20	96	175	39	8,7	0,55	0.38	2,63
7	8. Oktober		4.0	21	77	158	39	7,5	0,49	0,34	2,94
8	14. Oktober	Buchberger Braunkohle	5,0	27	216	212	42	7,8	1,02	0,53	1,90

d) Verfahren nach Lane. In eisernen Retorten wird z. B. Roteisenerz (Fe_2O_3), das durch Pressung in Ziegelform gebracht ist, auf etwa 1100° erhitzt und durch Überleiten von Generatorgas zu metallischem Eisen reduziert: „Reduktionsperiode." Hierauf wird über das so gewonnene Eisen Wasser-

---

[1]) Die Methoden a, b und c sind dem erwähnten Taschenbuch von Moedebeck entnommen.

dampf geleitet, wodurch Wasserstoff und Fe_3O_4 entstehen: „Gasperiode". Es folgt nun abwechselnd eine Reduktionsperiode, dann eine Gasperiode usw. Der erzeugte Wasserstoff soll 94% Reinheitsgrad besitzen. 1 cbm Gas erfordert 3 kg Steinkohle. Das Verfahren scheint sich aber nicht bewährt zu haben. Eine Anlage ist u. a. in Petersburg gebaut worden.

e) Verfahren der Internationalen Wasserstoff-Aktiengesellschaft. In jüngster Zeit ist die Methode, durch Überleiten von Wasserdampf über glühendes Eisen Wasserstoff zu gewinnen, durch die Internationale Wasserstoff-Aktiengesellschaft vervollkommet worden. Das Prinzip des Verfahrens ist kurz folgendes: Eiserne, mit oxydischen Eisenerzen gefüllte Retorten werden auf 800—900° C erhitzt und dann werden durch Einleiten von Wassergas die Eisenoxyde zu metallischem Eisen reduziert. Nach entsprechender Zeit wird nun Wasserdampf eingeblasen; es bilden sich Wasserstoff und Eisenoxyd. Letzteres wird durch Wassergas wieder reduziert, dann wird abermals Wasserdampf eingeblasen und so vollziehen sich diese beiden Prozesse abwechselnd. In der Fig. 30 ist die Anlage wiedergegeben. Links befindet sich der zur Heizung der Retorten dienende Ofengenerator, der durch eine Füllklappe mit Brennmaterial beschickt werden kann. Die Heizgase umstreichen in der Pfeilrichtung die rechts gezeichneten eisernen Retorten, dieselben auf die angegebene Temperatur erhitzend und entweichen schliesslich durch einen Kanal in den Schornstein. Die Wirkungsweise ist nun folgende: Man öffnet die Ventile b und a. Das vom Wassergasbehälter kommende Wassergas reduziert das in der Doppelretorte befindliche Eisenerz zu sehr fein verteiltem metallischem Eisen (Reduktionsphase). Die Reduktionsgase, die hierdurch entstehen und noch brennbare Bestandteile erhalten, können nach dem Verbrennungsraum im Ofen übertreten, wo sie zusammen mit den Verbrennungsgasen des Ofens nutzbar verbrannt werden. Ist das Eisenerz reduziert, so wird Ventil a geschlossen und ebenso b. Man öffnet jetzt das Dreiweg-Ventil c (Fig. 31) derartig, dass die Verbindung von Retorte mit der Reduktionsgasleitung zum Ofen besteht und lässt alsdann durch

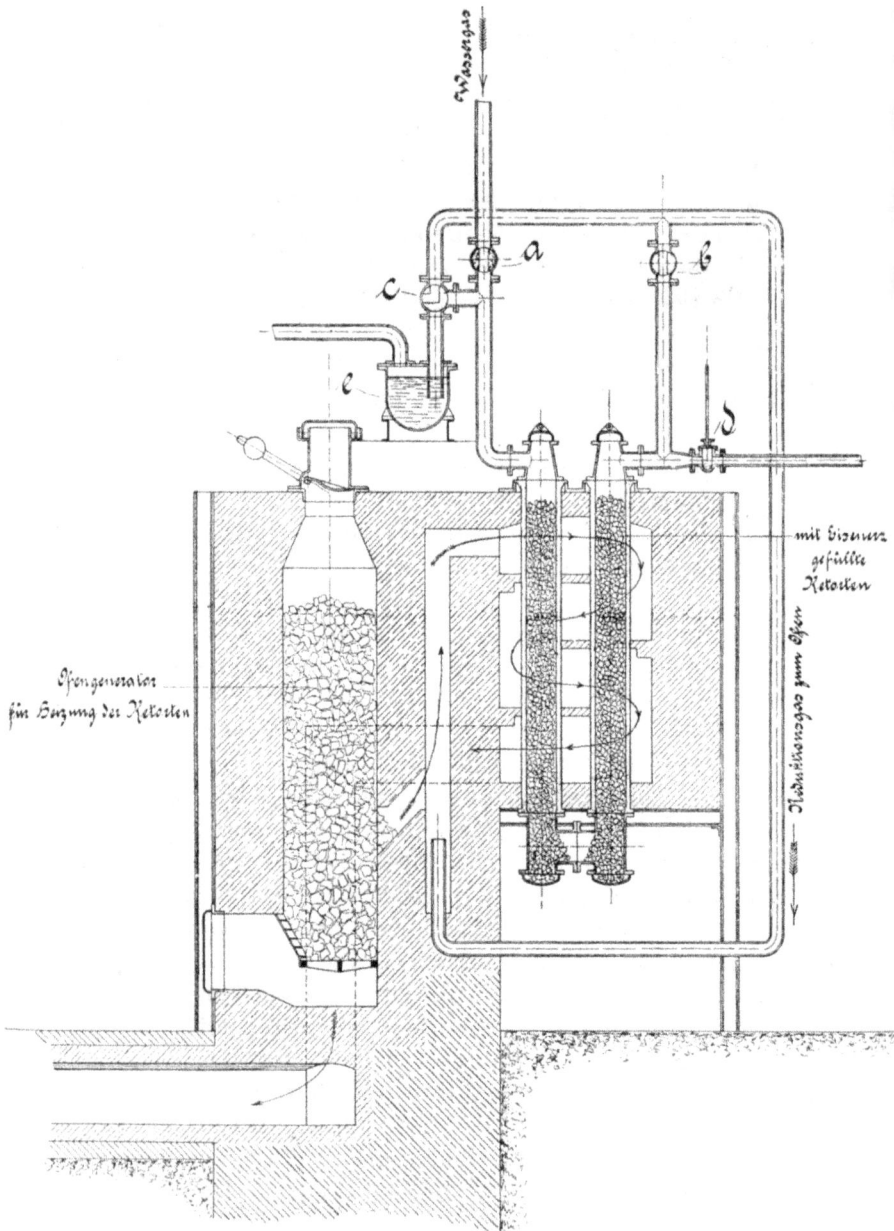

Fig. 30. Wasserstofferzeuger der Intern. Wasserstoff-Aktiengesellschaft.

das Dampfventil d Dampf eintreten, welcher in Berührung mit dem metallischen Eisen letzteres wieder in Oxyd verwandelt,

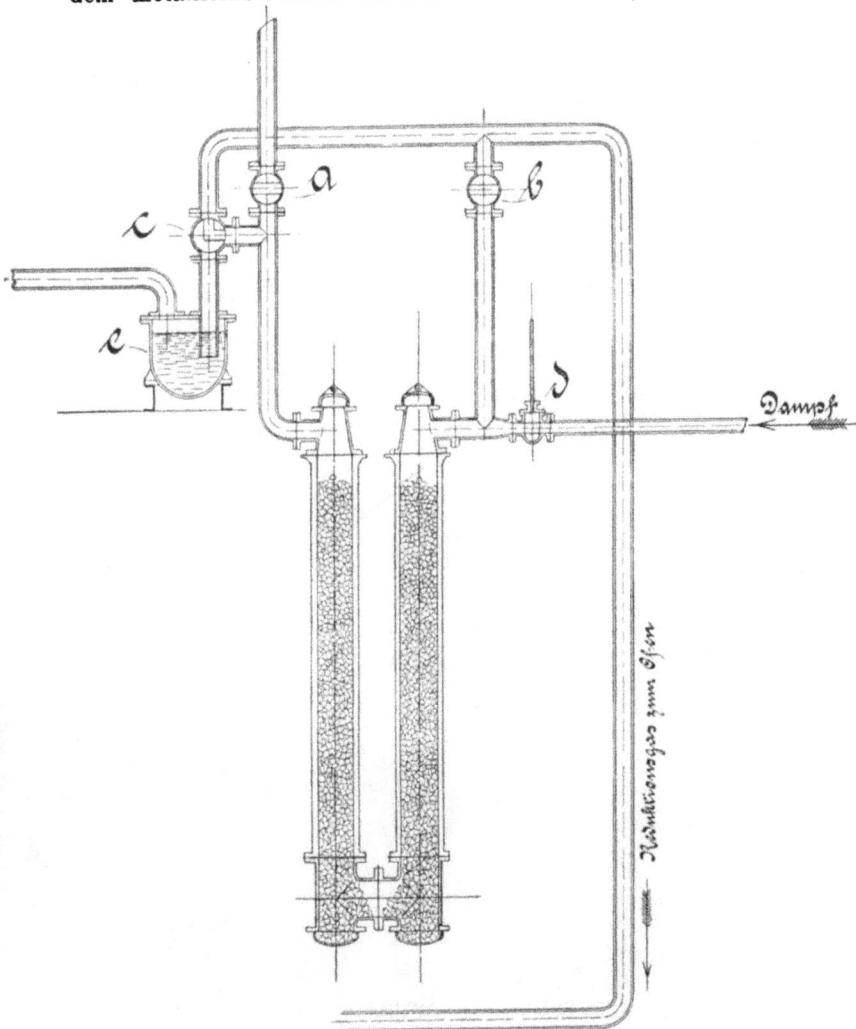

Fig. 31.

während Wasserstoff entsteht. Solange sich das Dreiweg-Ventil c in der in Fig. 31 vorbezeichneten Lage befindet, spült man

die die Reinheit und den Auftrieb des Wasserstoffs beeinträch-
tigenden Gase der Reduktionsphase, die sich noch in den

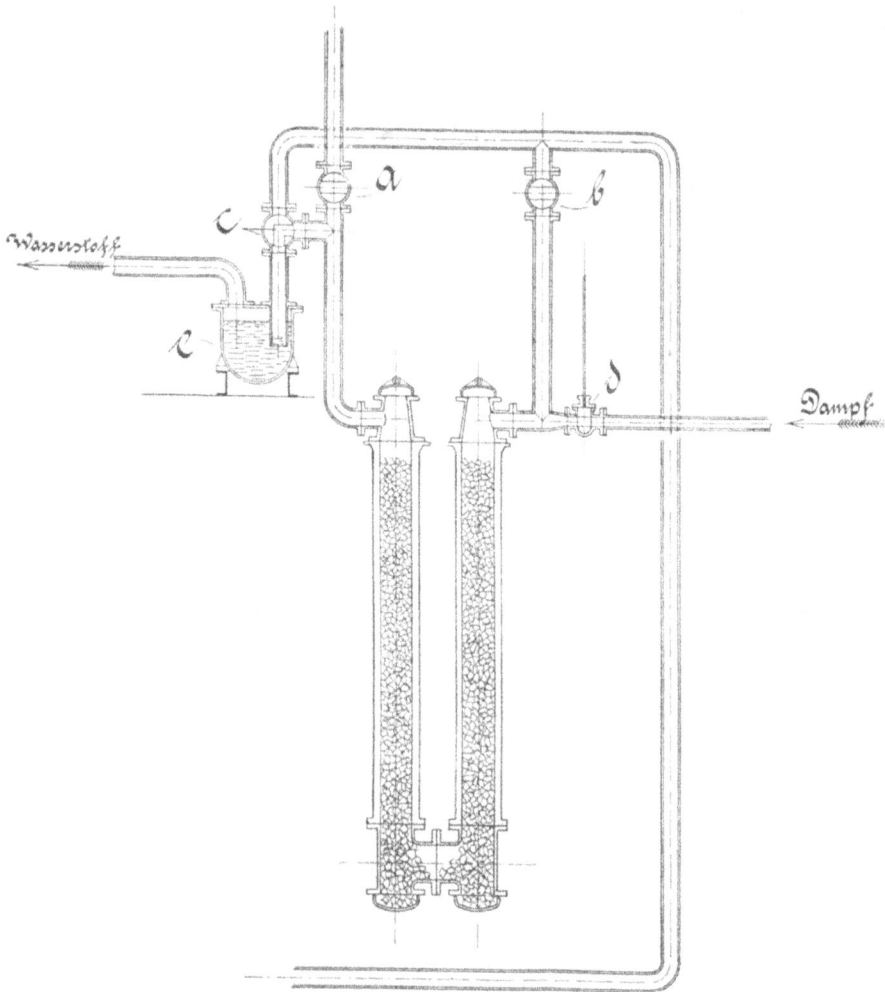

Fig. 32.

Retorten befinden, aus. Ist genügend ausgespült worden, so
wird das Dreiweg-Ventil c so gestellt, dass die Retorte mit dem
Tauchrohr der Vorlage c verbunden ist, wie in Fig. 32 ge-

zeichnet. Der Wasserstoff entweicht durch die Tauchung. Hat sich durch diesen Vorgang wieder soviel Eisenoxyd gebildet, dass keine Wasserstofferzeugung mehr vor sich geht, so wird die Dampfzufuhr unterbrochen und das Erz von neuem durch Einleiten von Wassergas reduziert. In dieser Weise wechseln Reduktionsphase und Wasserstofferzeugung miteinander ab. Der erzeugte Wasserstoff strömt vom Tauchrohr nach dem Kühler, dann durch die Reiniger, um durch eine Gasuhr gemessen, sich im Wasserstoffbehälter anzusammeln. Jeder Ofen besitzt mehrere Doppelretorten (5—6).

Der hierdurch gewonnene Wasserstoff besitzt einen Reinheitsgrad bis zu 98 % und dementsprechend einen Auftrieb von 1,185 kg pro cbm Wasserstoff, wobei der cbm nur 15 Pfg. kosten soll. Auch sollen die Anlagekosten für eine Wasserstofferzeugungsanlage nach diesem System so gering sein, dass an allen für Luftschiffe in Betracht kommenden Landungsplätzen derartige Anlagen errichtet werden können, wodurch sich ein Transport des Wasserstoffs in Gasflaschen ersparen liesse. Es sind Anlagen für die deutsche und österreichische Armee gebaut worden.

3. Wasserstoff aus Wassergas.

Wie aus Kapitel Wassergas ersichtlich, ist das reine Wassergas hauptsächlich wegen seines hohen Gehaltes an Kohlenoxyd zum Füllen von Ballonen nicht brauchbar. Es sind daher Versuche angestellt worden, diese schädliche Beimengung des Wassergases zu entfernen, um so möglichst reinen Wasserstoff zu erhalten.

a) Verfahren nach Frank. Frank leitet zuerst das Wassergas durch Kalkmilch, um die Kohlensäure CO_2 zu beseitigen (es entsteht hierbei kohlensaurer Kalk, $CaO + CO_2 = CaCO_3$). Darauf passieren die Gase eine Auflösung von Kupferchlorür (Cu_2Cl_2) in Salzsäure. Die genannte Lösung verschluckt das Kohlenoxyd. Schliesslich wird das so gereinigte Gas, welches also im wesentlichen nur noch aus Wasserstoff besteht, über erhitztes Kalziumkarbid (CaC_2) geleitet. Letzteres absorbiert vorhandenen Stickstoff unter Bildung von Kalkstickstoff, Kalziumcyanamid $CaCN_2$, das als Düngemittel verwendet wird. Ausserdem werden durch das Kalziumkarbid noch etwaige Reste von Kohlensäure und Kohlenoxyd zurückgehalten, wobei sich unter Abscheidung von Kohlenstoff (Russ) je nach den Mengenverhältnissen Ätzkalk CaO oder kohlensaurer Kalk $CaCO_3$ bilden. Bei dem Überleiten des Gases über das Karbid treten daher folgende Vorgänge ein:

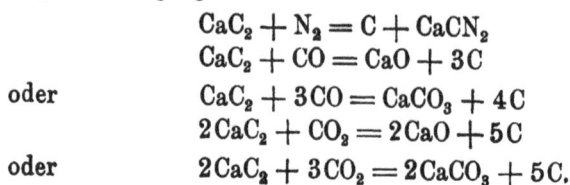

$$CaC_2 + N_2 = C + CaCN_2$$
$$CaC_2 + CO = CaO + 3C$$

oder

$$CaC_2 + 3CO = CaCO_3 + 4C$$
$$2CaC_2 + CO_2 = 2CaO + 5C$$

oder

$$2CaC_2 + 3CO_2 = 2CaCO_3 + 5C.$$

Da die salzsaure Lösung des Kupferchlorürs bei einer Druckverminderung] das verschluckte Kohlenoxyd wieder abgibt, so soll dasselbe durch Evakuieren vollständig wieder herausgenommen und, da es ja mit Luft ein explosives Gasgemisch bildet, zum Betriebe von Motoren verwendet werden.

b) Methode von v. Linde, Frank und Caro. Bei diesem Verfahren, das von Genannten in Verbindung mit der Berlin-Anhaltischen Maschinenbau-Aktiengesellschaft ausgeführt wurde, geschieht die Abscheidung der das Wassergas verunreinigenden Bestandteile auf kaltem Wege. Zu dem Behufe wird das Wassergas auf die Temperatur der flüssigen Luft abgekühlt, wobei sich Stickstoff (Siedepunkt $= -193^0$), Kohlenoxyd (Siedepunkt $= -190^0$) und Kohlendioxyd (Siedepunkt $= -78^0$) verflüssigen. Der Wasserstoff dagegen, der erst bei -252^0 siedet, behält seinen gasförmigen Zustand bei und entweicht in ziemlich reiner Form, er ist ungefähr $97\,^0/_0$ig. Das Kohlenoxyd dient zum Betrieb des Gasmotors, der die ganze Anlage treibt. Die letzten Reste der schädlichen Bestandteile werden nach besonderem patentiertem Verfahren entfernt. Es resultiert schliesslich Wasserstoffgas von $99^1/_2\,^0/_0$ entsprechend einem Auftrieb von 1195 g pro cbm. Die Kosten für den cbm ungereinigten Wasserstoffs ($97\,^0/_0$) betragen ca. 8—10 Pfg., die für den gereinigten von $99\frac{1}{2}\%$ ca. 11—13 Pfg. pro cbm. Die Anlage kann überall errichtet werden, wo sich Wassergas-Anlagen befinden. Ein nicht zu unterschätzender Vorteil des Verfahrens besteht darin, dass sich die Kompressionskosten verringern, da das Gasgemisch schon auf 50 Atm. komprimiert ist, mithin bei einem Flaschendruck von 150 Atm. schon $\frac{1}{3}$ der Kompressionsarbeit geleistet ist. Eventuell könnte eine derartige Anlage auch zur Aufarbeitung alter Füllungen von Luftschiffen dienen. Da in diesem Fall das CO als Verunreinigung nicht in Frage käme (dafür sind die Bestandteile der Luft zu beseitigen), so müsste zum Betriebe des Motors das Wassergas selbst benutzt werden.

c) Verfahren der chemischen Fabrik Griessheim „Elektron". In einer mit Rührwerk versehenen Eisenretorte befindet sich gebrannter Kalk. Bei 450—500° wird Wassergas gemeinsam mit der nötigen Menge Wasserdampf eingeleitet. Hierbei setzen sich Kalk, Wasserdampf und das Kohlenoxyd des Wassergases zu Wasserstoff und kohlensaurem Kalk um, nach der Gleichung

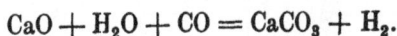

$$CaO + H_2O + CO = CaCO_3 + H_2.$$

Die Kosten für das Kubikmeter betragen ca. 8—10 Pfg.

4. Hydrikverfahren.

Manche Metalle, z. B. Aluminium und Zink lösen sich in Natronlauge (NaOH) oder Kalilauge (KOH) auf, wobei sich Wasserstoff entwickelt, während sich als Nebenprodukt die sogenannten Aluminate der Metalle bilden. Technische Verwendung von genannten Metallen hat hierbei das Aluminium in dem sogenannten Hydrikverfahren gefunden. Die Reaktion, welche sich beim Auflösen von Aluminiumfeile (Aluminiumgriess) in Natronlauge abspielt, lässt sich durch folgende Gleichung veranschaulichen:

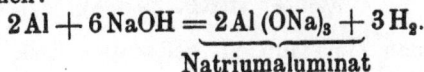

$$2\,Al + 6\,NaOH = \underline{2\,Al\,(ONa)_3} + 3\,H_2.$$
$$\text{Natriumaluminat}$$

1 cbm Wasserstoff erfordert daher theoretisch rund 0,806 kg Aluminium und 3,6 kg Ätznatron. Dann da 54,2 g Aluminium

7*

und 240 g NaOH 3 g H_2 = 3.22,4 = rund 67,2 l Wasserstoff liefern, so benötigt 1 cbm Wasserstoff $\dfrac{54,2 \cdot 1000}{67,2}$ kg Al und $\dfrac{240 \cdot 1000}{67,2}$ kg NaOH. Ausserdem kommt dazu noch das zum Lösen des NaOH nötige Wasser, zirka 7—8 Liter. In Fig. 33[1]) ist die Ansicht eines Gaserzeugers für das Hydrikverfahren mit einer stündlichen Leistung von 10 cbm wiedergegeben.

Fig. 33.
Wasserstofferzeuger nach dem Hydrikverfahren.

Das Verfahren wurde von den Russen im Kriege gegen Japan benutzt, wobei die ganze Apparatur auf Maultieren befördert wurde, um den Rücktransport leerer Gasflaschen zu vermeiden. Die Kosten betragen ungefähr 3 Mk. für 1 cbm. Apparate für Zwecke der drahtlosen Telegraphie mit einer stündlichen Produktion von 10 cbm wiegen nur 157 kg.

5. Verfahren von Dr. Wilhelm Majert und Oberleutnant a. D. Richter (DRP. 39 898).

Erhitzt man Zinkstaub mit gelöschtem Kalk, der chemisch als Kalziumhydroxyd Ca (OH)$_2$ angesprochen wird, so bilden sich

---

[1]) Aus dem Katalog der Firma Riedinger, Ballonfabrik in Augsburg.

Wasserstoff, Zinkoxyd (ZnO) und Ätzkalk nach der Gleichung:
$Ca(OH)_2 + Zn = ZnO + CaO + H_2$ Hierauf haben M a j e r t
und R i c h t e r ein technisches Verfahren aufgebaut. In nebenstehender Figur 34[1]) ist ein für kontinuierlichen Betrieb eingerichteter fahrbarer Apparat schematisch dargestellt.

Eine Anzahl von 20 Röhren befindet sich in dem durch
die Feuerung heizbaren Raum F.

Jedes Rohr r trägt an einem Ende das Gasableitungsrohr e,
das in die Hydraulik V mündet, während das andere mittels
Deckel d samt Anzugsschraube g verschliessbar ist. Der ganze

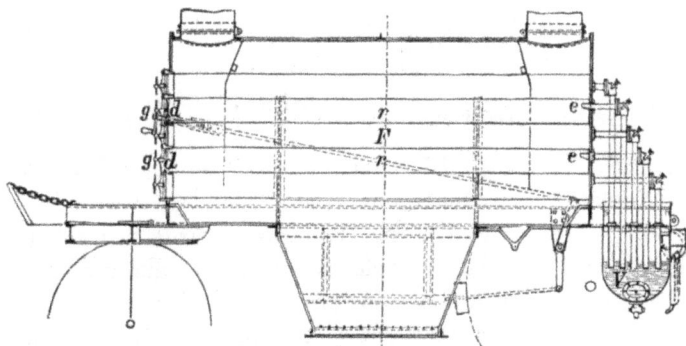

Fig. 34.
Apparat von M a j e r t - R i c h t e r.

Apparat ist auf einem Wagen montiert und kann feldmässig verwendet werden. Die Gasentwickelung ist derart ergiebig, dass in
etwa 5 Stunden ein Ballon von 600 cbm durch 2 Apparate mit einem
allerdings beträchtlichen Kostenaufwande gefüllt werden kann.

Ähnlich wie Zink verhält sich Kohlenstoff. Der Vorgang
verläuft nach der Gleichung $2Ca(OH)_2 + C = CaO + CaCO_3 + 2H_2$. Das Verfahren ist praktisch ausgeführt worden, hat aber
keine Verbreitung gefunden.

J a k o b y benutzt anstatt des Zinks Eisen (Fe): $Ca(OH)_2 + Fe = CaO + FeO + H_2$.

') M o e d e b e c k s Taschenbuch für Flugtechniker. (M. Krayn,
Berlin W 57).

6. Wasserstoff aus Eisen und Schwefelsäure.

Eisen löst sich, wie schon auf S. 70 erwähnt, in verdünnter Schwefelsäure uuter Wasserstoffbildung auf.

Nach der Gleichung

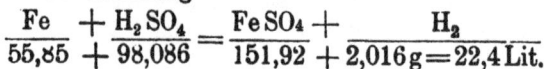

$$\frac{Fe}{55,85} + \frac{H_2SO_4}{98,086} = \frac{FeSO_4 +}{151,92} + \frac{H_2}{2,016\,g = 22,4\,Lit.}$$

braucht man daher zur Herstellung von 100 cbm Wasserstoff $\dfrac{55,85 \cdot 100000}{22,4}$ g Eisen und $\dfrac{98,086 \cdot 100000}{22,4}$ g konzentrierte Schwefelsäure.

Führt man die Rechnung aus, so erfordern 100 cbm rund 250 kg Eisen und 440 kg Schwefelsäure.

Ausserdem erhält man noch $\dfrac{151,92 \cdot 100000}{22,4} = \text{rund } 680\,\text{kg}$ Eisenvitriol ($FeSO_4$). Die konz. wasserfreie Schwefelsäure ist mit Wasser zu verdünnen, da der entstandene Eisenvitriol in der konz. Säure unlöslich ist. Das Eisen würde sich daher mit einer Schicht des Salzes bedecken, wodurch die weitere Einwirkung der Säure auf das Metall verhindert würde. Da die in der Technik zur Darstellung der Schwefelsäure benutzten Schwefelkiese Arsenverbindungen. enthalten, so finden sich letztere natürlich auch in der gewöhnlichen konzentrierten Säure des Handels und bilden beim Lösen des Eisens in der Schwefelsäure Arsenwasserstoff AsH_3. Dieser ist ein äusserst giftiges Gas. Sein Vorhandensein im Wasserstoff hat schon mehrfach zu tödlichen Unglücksfällen geführt. Entweder darf daher in der Schwefelsäure nur eine geringe Menge von Arsen vorhanden sein oder noch besser, die zur Erzeugung von Wasserstoff verwendete Schwefelsäure soll frei von Arsenverbindungen sein. Die Anwesenheit von Arsenverbindungen lässt sich durch die Gutzeitsche Probe nachweisen. Übergiesst man ein Stückchen arsenfreies Zink (Zincum purissimum) in einem Reagenzglase mit der zu untersuchenden Schwefelsäure und hält dicht über die Mündung des Glases ein Stück reines Filtrierpapier, auf das man einige Tropfen einer Silbernitratlösung (1 Teil Silbernitrat $AgNO_3$

gelöst in 1 Teil destilliertem Wasser) gegeben hat, so tritt bei
Anwesenheit von Arsenwasserstoff eine Gelbfärbung auf, die in
Schwarz übergeht. Ebenso können noch Selenverbindungen aus
den Schwefelkiesen in die Schwefelsäure übergehen. Selen-
wasserstoff färbt den Ballonstoff rot und zerstört ihn. Das erforderliche Eisen verwendet man am besten in Form schmiede-
eiserner Drehspäne. Da in allen technischen Eisensorten Kohlen-

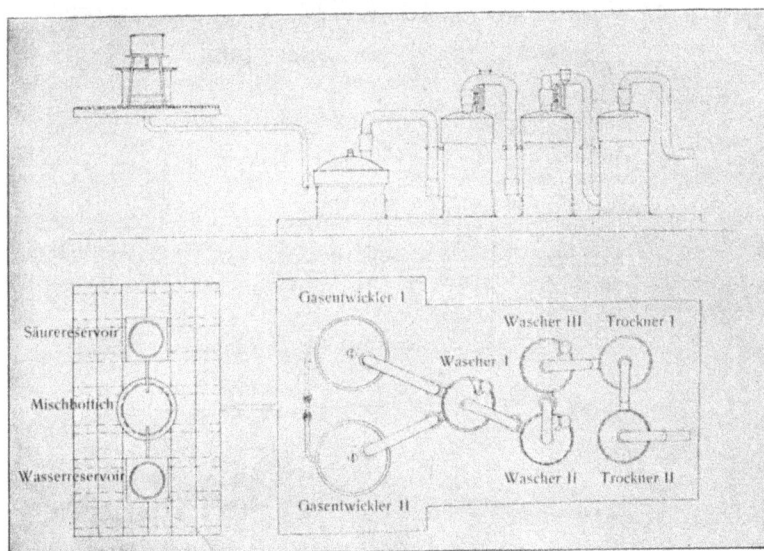

Fig. 35.
Anlage für Wasserstofferzeugung aus Eisen und Schwefelsäure.

stoff vorhanden ist, so bilden sich beim Auflösen Kohlenwasserstoffe, die dem Wasserstoff einen üblen Geruch erteilen und im
Grossbetriebe bisher nicht entfernt werden konnten.

Die Apparate für die Erzeugung des Wasserstoffgases bestehen gewöhnlich aus mehreren, mit Blei ausgekleideten Ent-
wicklern, in denen die chemische Reaktion vor sich geht. Das
hier erzeugte heisse und mit Säuredämpfen verunreinigte Gas
gelangt von dem Entwickler aus durch Röhren in die Wascher
(Skrubber), wo es mit kontinuierlich fliessendem Wasser in Be-

rührung kommt, und hierdurch von den Säuredämpfen grösstenteils befreit und abgekühlt wird.

Darauf durchströmt es die Trockner, welche mit gebrann-
tem Kalk, Chlorkalzium oder anderen Trockenmitteln gefüllt
sind. Da sich unter Umständen aus der Schwefelsäure Schwefelwasserstoffgas entwickeln kann, ist es zweckmässig, durch Überleiten des Wasserstoffgases über Raseneisenerz den Schwefelwasserstoff zu beseitigen. In Fig. 35[1]) ist ein Wasserstofferzeuger

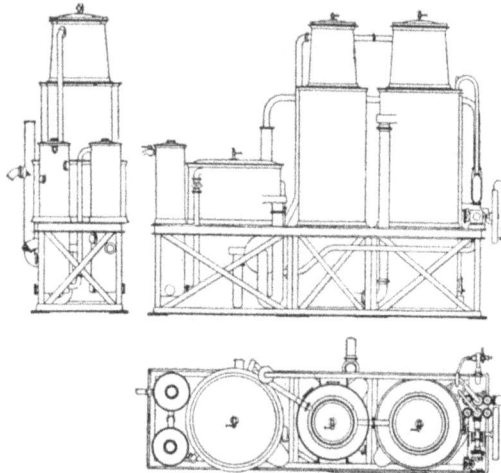

Fig. 36.
Französischer Gaserzeuger (stationär).

nach dem chemischen Verfahren für eine stündliche Produktion
von 50 cbm abgebildet. Derselbe besteht aus

1. dem Wasserreservoir.

2. dem Säurereservior.

Mit diesen durch Röhren verbunden ist

3. ein Mischbottich, in dem aus der konz. Säure und Wasser
die verdünnte Säure hergestellt wird. Das Mischungsverkältnis
soll so·reguliert werden, dass in 100 g der verdünnten Säure rund
$16^1/_2$ g H_2SO_4 enthalten sind, entsprechend einem spezifischen
Gewicht von ungefähr 1,115.

---

[1]) Katalog von Riedinger.

4. 2 Gasentwicklern, bis zu ³/₄ mit ölfreien schmiedeeisernen Drehspänen gefüllt. Die Säure tritt unten ein und fliesst oben verbraucht ab.

5. 3 Waschern (Skrubbern).

6. 2 Trocknern, die mit wasserfreiem Chlorkalzium ($CaCl_2$) angefüllt sind.

Das gereinigte Gas soll keine Säurespuren enthalten, blaues angefeuchtetes Lackmuspapier darf sich daher nicht rot färben.

Fig. 37.

Fahrbarer Apparat für Wasserstofferzeugung aus Eisen und Schwefelsäure.

Andernfalls kann man das Gas durch eine mit Hobelspänen gefüllte Rohrleitung führen, die Späne absorbieren die Säurereste. Je nach der Verwendung der gewöhnlichen oder arsenfreien Schwefelsäure kostet der cbm 60—80 Pfg.

Einen französischen stationären Gas-Erzeuger für rapide Gaserzeugung gibt Fig. 36 [2]) wieder.

---

[2]) Katalog von Riedinger.

In Frankreich werden auch fahrbare Entwickler für rapide Gaserzeugung gebaut (Fig. 37). Sie arbeiten unökonomischer als die stationären Anlagen, da für 1 cbm 4 kg Eisenspäne und 8 kg Säure erforderlich sind. Die Herstellungskosten für 1 cbm belaufen sich daher auf 90 Pfg. Das Gas soll bei sorgfältiger Herstellung einen Auftrieb von 1,1 kg pro cbm besitzen. Die Apparate werden in vier Grössen von 50—60 cbm Stundenleistung bei einem Gewicht von 1250 kg bis 150 cbm Stundenleistung und 2100 kg Gewicht gebaut.

Das beschriebene Verfahren ist das älteste, welches in der Luftschiffahrt Verwendung fand. Am 27. August 1783 liess Professor Charles den ersten mit Wasserstoff gefüllten Ballon steigen, wobei er den Wasserstoff aus Eisen und Schwefelsäure hergestellt hatte.

7. Wasserstoff aus Silizium und Natronlauge.

Silizium löst sich in der Wärme sehr leicht in Natronlauge auf unter Bildung von Wasserstoff und Natriumsilikat:

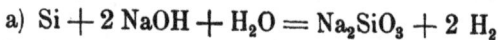

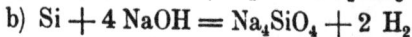

a) $Si + 2 NaOH + H_2O = Na_2SiO_3 + 2 H_2$

b) $Si + 4 NaOH = Na_4SiO_4 + 2 H_2$

Die als Nebenprodukte entstehenden Körper Na_2SiO_3 und Na_4SiO_4 sind Natriumsilikate, die technisch als Wasserglas vielfach Anwendung finden. Dieser Prozess ist von der Elektrizitäts-Aktiengesellschaft vorm. Schuckert und Co. in Nürnberg zu einem vorzüglichen technischen Verfahren ausgebaut worden. Zur Erzeugung von 1 cbm Wasserstoffgas sind praktisch 0,8 kg Silizium und 1,6 kg Ätznatron erforderlich. Genannter Firma ist es jedoch in letzter Zeit durch Anwendung eines Siliziums besonderer Qualität gelungen, den Ätznatronverbrauch auf 1,2 kg per cbm Wasserstoff zu ermässigen.

Um den entstandenen heissen Wasserstoff abzukühlen, sind pro cbm 30 Liter Kühlwasser erforderlich.

Fig. 38 gibt die nach einer photographischen Aufnahme hergestellte Reproduktion einer fahrbaren Anlage von 120 cbm stündlicher Leistung wieder, wie sie der spanischen Militär-

Fig. 38. Fahrbarer Apparat für die Entwickelung von Wasserstoff aus Silicium und Natronlauge von 120 cbm stündlicher Leistung, ältere Type.

behörde für den Marokko-Feldzug geliefert wurde. Die Anlage
wurde gelegentlich der Landung eines Parsevalluftschiffes in Nürnberg zu dessen Nachfüllung benutzt. Das Bild wurde bei dieser Gelegenheit aufgenommen. Die abgebildete Anlage besitzt noch
einen auf dem rechts sichtbaren Wagen montierten Dampfkessel,
der die zur Einleitung der Reaktion nötige Wärmemenge lieferte
und auch gleichzeitig eine Dampfpumpe trieb, die die Heran-
schaffung des zum Betriebe notwendigen Wassers bewirkte.
Neuerdings ist es der Gesellschaft gelungen, die Reaktion zwischen
Silizium und der Alkalilauge ohne äussere Wärmezufuhr ein-
zuleiten und eine Ausnützung der bei der Reaktion entstehenden
Wärmemengen herbeizuführen, die eine äussere Wärmezufuhr
in Form von Dampf erübrigt. Die neueren fahrbaren Anlagen
besitzen daher keinen Dampfkessel und zur Förderung des Be-
triebswassers sind sie nur mit einer kleinen Benzinmotor-Pumpe
ausgerüstet. In Fig. 39 ist eine solche fahrbare Anlage abgebildet.
Darin bezeichnet F den Füllbehälter, L das Lösungsgefäss, E
den Entwicker, W den Wascher (Skrubber) und P die Pumpe.
Der Benzinmotor mit Pumpe ist auf einer gemeinsamen Grund-
platte montiert, die mit Rädern versehen ist. Im Bedarfsfalle,
wenn es nicht möglich sein sollte, mit dem Wagen bis an die
Wasserstelle, woraus das für den Betrieb nötige Wasser genommen wird, zu gelangen, kann die Benzinmotor-Pumpe vom
Wagen abgenommen und zur Wasserstelle gefahren werden. Für
diesen Zweck werden ca. 20 m Druckschlauch mitgeliefert. Der
Betriebsvorgang ist kurz folgender: Zuerst wird das Silizium
in den Füllbehälter gebracht und das nötige Wasser in das
Lösegefäss eingelassen. Hierauf wird das Ätznatron in das
Lösegefäss geschüttet und zwar wird für die erste Operation
pulverisiertes Ätznatron verwendet, während für die darauf
folgenden Chargen Ätznatron in Stücken genommen werden kann.
Die gebildete Lauge wird dann in den Entwickler eingelassen.
Nun wird die Pumpe in Betrieb gesetzt resp. werden die Hähne
für den Wasserzulauf zu den Wäschern geöffnet, worauf mit
dem Einkurbeln des Siliziums (der Füllbehälter ist hierfür mit
einer durch ein Handrad betriebenen Schnecke versehen) be-

gonnen wird. Damit nimmt die Gaserzeugung ihren Anfang. Während der Gaserzeugung muss die Natronlauge für die folgende Charge vorbereitet werden. Die eigentliche Gaserzeugung nimmt

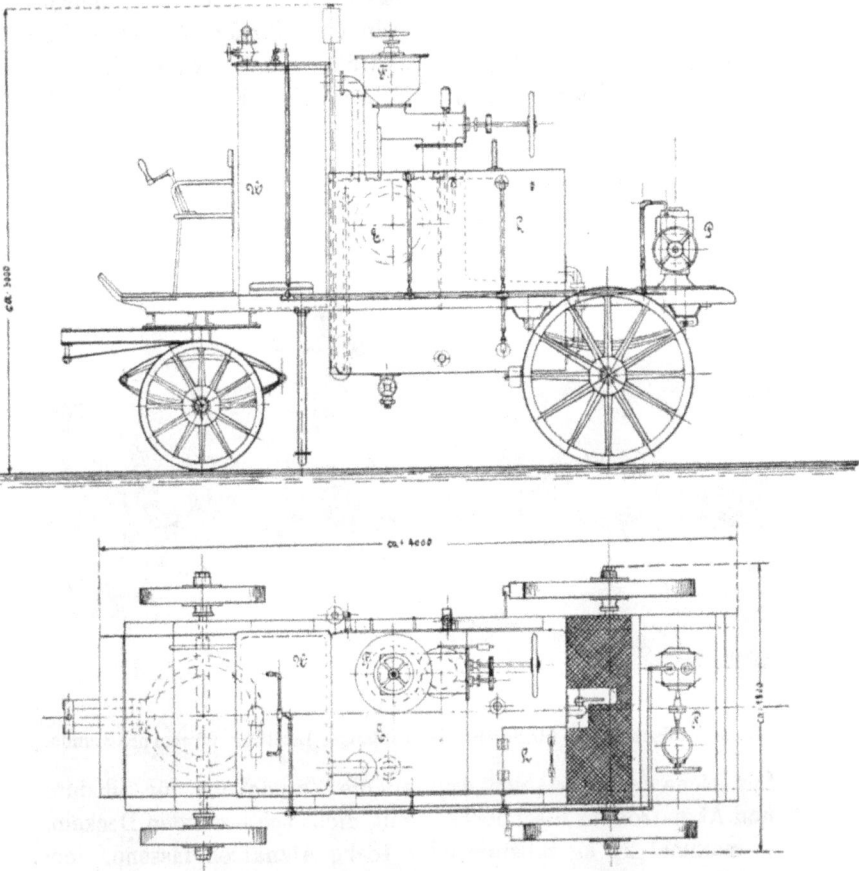

Fig. 89. Fahrbarer Entwickler für Wasserstoff aus Silizium und Natronlauge, Type 60 cbm pro Stunde.

$^3/_4$ Stunden in Anspruch, in dieser Zeit ist also das für die Erzeugung von 60 cbm Gas, welches Quantum dieser Typ erzeugt, erforderliche Silizium eingekurbelt. In der noch übrigen Viertelstunde wird der Füllbehälter mit Silizium neu beschickt, die verbrauchte Lauge (Wasserglaslösung) aus dem Entwickler abgelassen und die während der Gaserzeugung neu hergestellte Ätznatronlösung in das Entwicklergefäss eingelassen, so dass mit der vollen Stunde wieder mit dem Einkurbeln von Silizium, d. h. mit der Gaserzeugung, wieder begonnen wird. Damit ein Nachwiegen der Rohmaterialien nicht erforderlich wird, ist es zweckmässig,

Fig. 40.
Wasserstoffentwickler für Silicium-Natronlauge. Leistung: 60 cbm pro Stunde.

für solche transportablen Anlagen die Verpackung für Silizium und Ätznatron in Blechbüchsen mit dicht schliessenden Deckeln, je maximal 24 kg Silizium oder 18 kg Ätznatron fassend, vorzunehmen. Zur Erzeugung von je 30 cbm Wasserstoff werden dann 1 Büchse Silizium und 2 Büchsen Ätznatron gebraucht. Für den Transport der Materialien dient ein besonderer Wagen. Eine fahrbare Anlage des 60 cbm Typs wiegt 2500 kg. In Fig. 40 ist die photographische Ansicht einer solchen Anlage wiedergegeben. Ausserdem baut die Gesellschaft fahrbare

Gaserzeuger für eine
Stundenleistung von
120 cbm. Sie bestehen
aus zwei Wagen (siehe
Fig. 41), deren einer
den Beschicker F mit
Entwickler E und Löse-
gefäss L, der andere
den Wascher W und
die Motorpumpe P ent-
hält. Das maximale Ge-
wicht jedes Wagens be-
trägt ca. 2100 bezw.
2300 kg. Stationäre
Anlagen (Fig. 42) liefert
die Gesellschaft für eine
Leistung bis zu 300 cbm
pro Stunde und mehr.
Rechts sieht man Löse-
gefäss, Entwickler und
Fülltrichter, in der
Mitte die zylinderför-
migen Wäscher und
links eine Gasuhr. Die
Vorteile des Silizium-
Natronlaugeverfahrens
sind: Niedrige Anlage-
kosten, geringer Raum-
bedarf, was namentlich
für die stationären An-
lagen wichtig ist, da
sie z. B. in Kasematten
bombensicher einge-
baut werden können,
ferner einfache Be-
dienung, · Betriebsbe-

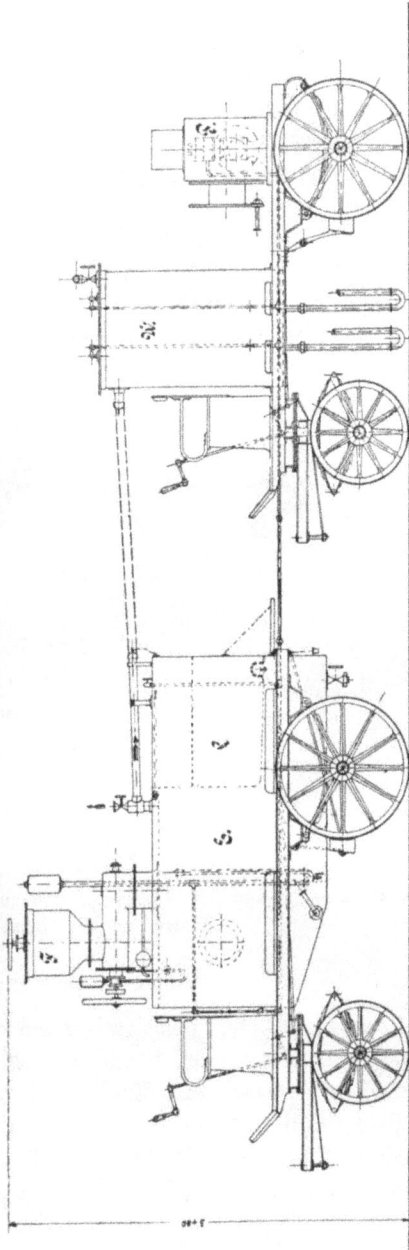

Fig. 41. Fahrbarer Entwickler für Wasserstoff aus Silicium und Natronlauge.

reitschaft in jedem Augenblick, sowie grösste Haltbarkeit der Apparatur. Der nach diesem Verfahren erzeugte Wasserstoff besitzt einen Reinheitsgrad von 99% garantiert und ist frei von Arsenwasserstoff. Die meisten europäischen Staaten besitzen bereits solche Anlagen, Italien u. a. 2 stationäre und 3 fahrbare.

Fig. 42.
Stationäre Anlage für Wasserstofferzeugung nach dem Silizium-Natronlauge-Verfahren.

8. Aus Azetylen.

Azetylen, C_2H_2, jenes allgemein bekannte und vielfach zu Beleuchtungszwecken benutzte Gas, zerfällt, durch einen elektrischen Funken zur Explosion gebracht, in Wasserstoff und Russ, $C_2H_2 = C_2 + H_2$. Neben 1 cbm Wasserstoff erhält man zirka 1 kg Russ. J. Machtolf ist ein Patent für gleichzeitige Gewinnung von Wasserstoff und Russ erteilt worden.

(DRP. Nr. 194301, 22 f. 14). Das Verfahren ist kurz das folgende: Das aus Kalziumkarbid CaC_2 hergestellte Azetylengas[1]) wird durch Kompressoren auf ungefähr 4—6 Atm. zusammengepresst und in aus Mannesmann-Röhren hergestellten Behältern aufgespeichert. Von dort wird es durch eine Hochdruckleitung in die stählernen „Spaltzylinder" gebracht. In diesen Spaltzylindern wird alsdann das komprimierte Gas durch Einführung eines elektrischen Funkens zur Spaltung gebracht. Es zerlegt sich dabei in seine beiden Komponenten Kohlenstoff und Wasserstoff. Der Wasserstoff ist ausserordentlich rein und seine Verunreinigung besteht lediglich in sehr kleinen Mengen von Methan, das für die Luftschiffahrt kaum in Betracht kommt. Der Russ ist chemisch rein, tiefschwarz und besitzt eine ausserordentlich gute Deckkraft.

Der bei der Explosion entstandene Überdruck wird dazu benutzt, den Russ mittelst des Wasserstoffs in einen in einem besonderen Raum aufgestellten Russbehälter zu blasen, von wo der Wasserstoff durch einen Seidenfilter in den Gasbehälter entweicht.

Der Russ wird von dem Russbehälter direkt in die Säcke oder Fässer gefüllt. Figur 43 gibt den Durchschnitt eines Spaltzylinders (links) und des Russbehälters (rechts) nach den Zeichnungen der deutschen Patentschrift wieder. Darin bezeichnet 30 ein durch das Rad 29 betätigtes Absperrventil, welches während der Zersetzung des Azetylens die Verbindung nach dem Russbehälter zu unterbrechen hat. Innerhalb des Spaltzylinders befindet sich ein Rührwerk, das dazu dient, das Anhaften des bei der Zersetzung des Kohlenwasserstoffs sich bildenden Russes an der Zylinderwandung zu verhindern. Das Rührwerk besteht zur einen Hälfte aus einem dicht an die Zylinderwandung sich anlegenden Messer 31, zur anderen Hälfte aus einem mit Löchern versehenen Stahlrohr 32. Durch Stege 33 wird das Rührwerk versteift. Die Betätigung des Rührwerks erfolgt durch das auf der Hohlachse 34 sitzende Rad 35, das

---

[1]) $CaC_2 + 2 H_2O = Ca(OH)_2 + C_2H_2$.

durch Vermittlung eines Rades 36 und eines Riemens 37 von unten aus bedient wird. Zur Entnahme des Russes ist unter der Verlängerung 43 des Sammlers vermittels einer Gummiplatte 44 ein Russfass 45 angepresst, was durch eine mit Widerlager 46 versehene Druckplatte 47 und eine Spindel 48 bewirkt werden kann. Das Einpressen des Russes in das Fass

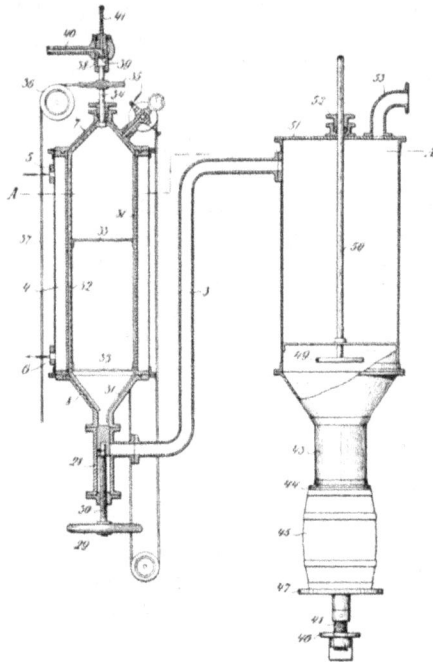

Fig. 43.
Wasserstoffapparat der Gesellschaft „Carbonium", links Spaltzylinder, rechts Russbehälter.

45 erfolgt durch einen Kolben 49, dessen Stange 50 durch eine Stopfbüchse 52 geführt ist. Der Kohlenwasserstoff wird bei 40 eingeführt.

Das Patent ist von der G. m. b. H. „Carbonium" (Offenbach am Main) erworben worden, die eine Anlage zur Versorgung der Zeppelin-Luftschiffe mit Wasserstoff in Fried-

richshafen erbaut hat. Diese wurde durch eine Explosion 1910
zerstört. Über die Ursache der Explosion ist bisher nichts
Genaues bekannt geworden.

9. Verfahren von Rincker-Wolter [1]).

Das Verfahren beruht auf der sogenannten Dekarburierung
von schweren Kohlenwasserstoffen, d. h. letztere werden durch Anwendung hoher Temperatur derartig gespalten, dass der Kohlenstoff
den Kohlenwasserstoffen entzogen wird, wodurch der gesamte an
den Kohlenstoff gebundene Wasserstoff frei wird. Diese Methode
der Wasserstofferzeugung ist von der Berlin-Anhaltischen Maschinenbau-Aktiengesellschaft (Berlin NW 87) zur Konstruktion
einer fahrbaren Anlage benutzt worden. Als Rohstoff für die
Wasserstoffgaserzeugung dient dabei rohes Erdöl, ferner die
Rückstände, welche bei der Erdöldestillation gewonnen werden
oder das bei der Braunkohlendestillation hergestellte Öl, also
Öle, welche im Inlande leicht und billig zu beziehen sind.
An Stelle des Öls können auch Benzin, Petroleum, Benzol und
ähnliche Stoffe verwendet werden. Weiterhin ist zur Herstellung des Wasserstoffs noch Koks erforderlich, welcher in jeder
Gasanstalt oder Kokerei erzeugt wird. Der Koks kann auch
durch Holzkohle ersetzt werden. Den Hauptbestandteil der Gaserzeugungsanlage bilden zwei Generatoren oder Gaserzeuger.
Das sind schmiedeeiserne Gehäuse, die mit Schamottesteinen
ausgefüttert sind. Zum Entfernen von Asche und Schlacke sind
gasdichte Türen angeordnet. Der obere Teil der Generatoren
trägt die Füllöffnung zum Einschütten des Kokes. In den
unteren Teil mündet die von einem Gebläse kommende Windleitung. Das zur Vergasung kommende Öl wird durch eine Öl-
pumpe von einem Vorratsbehälter in den Generator gedrückt.
Fig. 44 zeigt die für die Versuchsabteilung der Verkehrs-
truppen gebaute Anlage, die auf zwei vierachsigen Eisenbahn-
wagen von je 41,5 qm Ladefläche aufgebaut ist. Auf dem Wagen

---

[1]) Nach der Broschüre „Wasserstoff nach dem Rincker-Wolter-
Verfahren" der Berlin-Anhaltischen Maschinenbau-Aktiengesellschaft,
Berlin NW 87.

8*

rechts befindet sich die Gaserzeugungsanlage, auf dem links
sichtbaren sind die Kühler, Wascher und Trockner angeordnet;

Fig. 44.

Fahrbare Wasserstoffanlage nach dem Verfahren von Rincker-Wolter.

Fig. 45 gibt die Ansicht der beiden Generatoren wieder, der
oben rechts befindliche Mann ist gerade mit dem Koksaufgeben

Fig. 45.
Die Generatoren.

beschäftigt. Die Betriebsweise ist kurz folgende: Vermittels eines Turbogebläses, welches den erforderlichen Dampf von der Lokomotive erhält, wird der Koks bis zur Weissglut heiss geblasen. Während dieser Zeit entweichen die Verbrennungsgase oder Generatorgase durch die geöffneten Generatordeckel und die darüber befindlichen Kamine ins Freie. Nachdem das Gebläse abgestellt und die Generatorklappen geschlossen sind, wird das Öl zugeführt. Beim Einspritzen in den Generator verwandelt sich dieses in Ölgas, welches gezwungen ist, durch den glühenden Koks beider Generatoren hindurchzuströmen. Hierbei werden alle schweren und leichten Kohlenwasserstoffe zersetzt und es entsteht ein hochwertiges Wasserstoffgas mit 90—96 % reinem Wasserstoff. Da die Generatoren vor Beginn des Gasens noch mit Generatorgas gefüllt sind, so wird das zuerst entstehende Wasserstoffgas dazu verwendet, die Generatoren auszuspülen. Durch die Zersetzung des Öles wird Wärme verbraucht und die Temperatur sinkt schliesslich so weit, dass keine vorteilhafte Gasentwicklung mehr stattfindet. Die Ölzufuhr wird dann unterbrochen und der Koks von neuem heissgeblasen. Die Prozesse des Heissblasens und Gasens wechseln infolgedessen miteinander ab. Im Durchschnitt wird 2—3 Minuten heissgeblasen und 20 Minuten gegast. Das den zweiten Generator verlassende Gas wird durch eine Vorlage geschickt, welche einen Wasserabschluss besitzt, um ein Zurückströmen des Gases während des Heissblasens des Kokes zu verhindern. Von hier aus durchströmt es einen Wascher, in dem es von mechanischen Beimengungen, wie Asche und Russ befreit wird, sowie einen Trockenreiniger zur Entfernung von Schwefelverbindungen. Das diesen Reiniger verlassende Gas hat folgende Zusammensetzung:

Kohlensäure	=	$0,00\%$
Kohlenwasserstoffe	=	$0,00\%$
Sauerstoff	=	$0,00\%$
Kohlenoxyd	=	$2,7 \ \%$
Methan	=	$0,00\%$
Wasserstoff	=	$96,00\%$
Stickstoff	=	$1,30\%$

Daraus errechnet sich das spezifische Gewicht dieses
Gases zu 0,1.

Um dem Gase die Feuchtigkeit zu entziehen, wird es durch
einen Schwefelsäuretrockner geschickt. Zuletzt wird noch dem
Gase durch ein zum Patent angemeldetes Verfahren das Kohlenoxyd in einem Ofen entzogen, der bei der fahrbaren Anlage mit
Ölgas geheizt wird. Von diesem Kohlenoxydgasreiniger strömt
das Gas schliesslich durch einen Kühler, der mit dem Wascher
eng zusammen gebaut ist. Die Analyse des so gereinigten Gases
gibt folgende Zusammensetzung:

Kohlensäure	$= 0,00\,\%$
Kohlenwasserstoffe	$= 0,00\,\%$
Sauerstoff	$= 0,00\,\%$
Kohlenoxyd	$= 0,40\,\%$
Methan]	$= 0,00\,\%$
Wasserstoff	$= 98,40\,\%$
Stickstoff	$= 1,20\,\%$

Das spezifische Gewicht des gereinigten Gases richtet sich
nach der Beschaffenheit des verwendeten Öles und beträgt
0,087—0,092 entsprechend einem Auftrieb von 1180—1175 g.
Die Anlagekosten der beschriebenen Anlage sind verhältnismässig
gering. Zur Bedienung sind, abgesehen von der Kokszuführung,
nur zwei Mann erforderlich. Die Kosten für die Herstellung
von 1 cbm Wasserstoff betragen je nach der Grösse der Anlage,
der Betriebsdauer und Art des Öls 10,5—14 Pfennig. Eine
solche fahrbare Anlage kann eventuell einem Luftschiff folgen,
um bei einer Zwischenlandung Gas zum Nachfüllen abzugeben.
Sollte es dem Luftschiff nicht möglich sein, unmittelbar neben
der Eisenbahnstrecke niederzugehen, so kann für diesen Fall
noch ein weiterer Spezialwagen vorgesehen werden, auf welchem
eine Kompressoranlage aufgestellt ist, mit der das erzeugte
Wasserstoffgas in Stahlflaschen gefüllt wird. Das so aufgespeicherte
Gas kann dann zur Landungsstelle hingeschafft werden.

Eigenschaften des Wasserstoffes.

Reiner Wasserstoff ist ein farb- und geruchloses Gas. Sein Atomgewicht ist gleich 1,008. Das absolute Gewicht, bezogen auf 1 Liter bei 760 mm und 0° beträgt 0,09001 g bei 45° Breite und Meeresniveau. Sein spez. Gewicht bez. Luft beträgt 0,06960 (Rayleigh). Er ist daher rund 14,4 mal leichter als Luft, weswegen er aus oben offenen Gefässen schnell entweicht. Er ist ferner vergleichsweise 11160 mal leichter als Wasser und 238000 mal leichter als Platin. Der thermische Ausdehnungskoeffizient ist nach Travers und Jaquerod (Zeitschrift für physikalische Chemie 45 [1903] 385) gleich

$$0,0036625 = \frac{1}{373,03}.$$

Bei höheren Drucken besitzt er eine geringere Zusammendrückbarkeit, als dem Boyle-Marriotteschen Gesetz entspricht. Nach Cailletet hat man $p : P = (v : V)\ 0,932$. Fasst daher eine Gasflasche 36 Wasserliter bei gewöhnlichem Druck, so müsste sie eigentlich, mit Wasserstoff unter einem Druck von 150 Atmosphären $36 . 150 = 5400$ Liter oder 5,4 cbm fassen. In Wirklichkeit enthält sie aber nur $5,4 . 0,932 =$ rund 5 cbm. Diese Beziehungen zwischen Druck und Volum sind für höhere Drucke von 60—200 Atmosphären in dem in Figur 46 abgebildeten Diagramm (Cailletet) wiedergegeben.

Lange Zeit galt der Wasserstoff als permanentes Gas, da es u. a. Natterer (1854) selbst mit den stärksten Drucken bis 2790 Atmosphären nicht gelang, ihn zu verflüssigen. Dies hat seinen Grund in der ausserordentlich niedrigen kritischen Temperatur des Wasserstoffes, die bei — 240° ca. liegt. (Dewar Compt. rend. 129 1899, 451).

Dewar (u. a.) verflüssigte nun den Wasserstoff in der Weise, dass er das unter einem Druck von 180 Atmosphären stehende und bis auf — 205° abgekühlte Gas durch eine dünne Öffnung in versilberte Vacumgefässe strömen liess. Bei der hierbei stattfindenden Ausdehnung entzog ein Teil des Wasserstoffes dem anderen soviel Wärme, dass er sich verflüssigte.

Flüssiger Wasserstoff ist eine klare farblose Flüssigkeit, deren Siedepunkt ungefähr bei —252° liegt. Ein Liter wiegt 60 g. In den festen Zustand ging der flüssige Wasserstoff über, als Dewar ein mit demselben gefülltes Gefäss evacuierte. Bei einem Druck von 30—40 mm verwandelte sich die Flüssigkeit in eine wie fester Schaum aussehende Masse (Dewar, Compt. rend. 129 (1899) 451). Das Wärmeleitungsvermögen des gasförmigen Wasserstoffes ist 7 mal grösser als das der Luft, hingegen leitet er 480 mal schlechter als Eisen. Sein Brechungs-

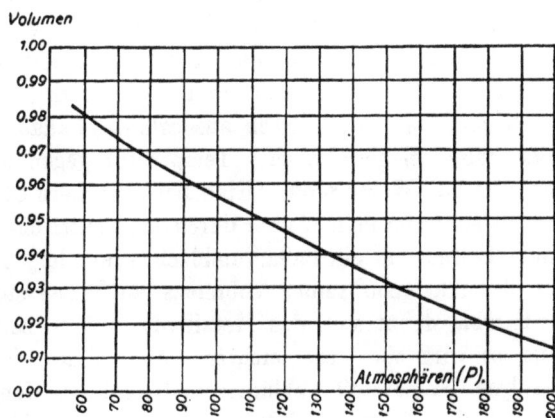

Fig. 46.

Diagramm.

vermögen auf Luft = 1 bezogen ist 0,4733. Das Spektrum des reinen Wasserstoffs besteht im Spektralrohr aus vier hellen Hauptlinien, einer roten, einer grün-blauen und zwei violetten. In Wasser ist Wasserstoff sehr wenig löslich, 1000 ccm H_2O nehmen 19 ccm H_2 auf (bei 15°). Von Holzkohle wird er leicht verschluckt. Nach Dewar (Compt. rend. 139 1904 261) absorbiert 1 ccm Holzkohle 4 ccm H_2 bei 0°, 135 ccm H_2 bei —185° (0°, 760 mm). Bei hoher Temperatur durchdringt Wasserstoff viele Metalle, wie Platin, Eisen, und am leichtesten Palladium, durch das er schon von 240° an diffundiert. Bei einem Versuch von Graham diffundierten durch ein Platinrohr von 1,1 mm Wandstärke pro Minute auf den Quadratmeter Oberfläche berechnet 489,2 ccm H_2. Durch die 0,3 mm starke Wand eines Platinrohres gingen in der Minute 1017,54 ccm H_2 pro qm. Ein Palladiumzylinder von 1 mm Wandstärke liess bei Goldschmelzhitze (ca. 1060°) fast 4000 ccm H_2 pro Minute und Quadratmeter durchtreten. Auch durch poröse Wandungen diffundiert der Wasserstoff schon bei gewöhnlicher Temperatur sehr schnell, da seine Molekulargeschwindigkeit mit rund 1860 m pro Sekunde fast 4 mal so gross ist, als die des Sauerstoffes. Erhitzt man verschiedene Metalle in einer Wasserstoffatmosphäre auf Rotglut und lässt sie darin allmählich erhalten, so nehmen sie Wasserstoff auf, okkludieren ihn. Bei Schmiedeeisen wurde eine Aufnahme bis zu 1 Vol. beobachtet. Am stärksten nimmt Palladium Wasserstoff auf. Frisch ausgeglühtes Palladiumblech verschluckt schon bei gewöhnlicher Temperatur gegen 370, bei 100° gegen 650 Vol. Wasserstoff. Eine noch stärkere Okklusion lässt sich erzielen, wenn man Wasser durch den elektrischen Strom zerlegt und als Kathode ein Palladiumblech anwendet. Es kann dann über das 900 fache seines Volumens an Wasserstoff aufnehmen. Hierbei dehnt sich das Metall bis zu 1/10 seines Volumens aus, es wird spezifisch leichter. Auch Platin kann bei der Elektrolyse Wasserstoff okkludieren. Reichliche Mengen H_2 nehmen namentlich Kalium und Natrium auf unter Bildung von Kaliumwasserstoff K_2H und Natriumwasserstoff Na_2H, wenn man über sie den Wasserstoff bei 200 bis 400° (Kalium) bzw. 300 bis 420° ca. (Natrium) leitet.

An der Luft entzündet brennt Wasserstoff mit schwach bläulicher Flamme. Seine Entzündungstemperatur in Luft liegt bei 552°. Er verbindet sich dabei mit dem Sauerstoff der Luft zu Wasser, was sich leicht dadurch zeigen lässt, dass man über die Flamme ein trockenes Becherglas stülpt; es beschlägt sich dann innen mit Wassertröpfchen. Die Temperatur der Wasserstoffflamme ist ausserordentlich hoch. Bei der Verbrennung von 1 g H_2 werden 34462 kl. Kalorien entwickelt, d. h. 1 g $H_2 = 11,21$ sind imstande rund 345 g Wasser von 0° bis zum Siedepunkt zu erhitzen. Mit Luft gemengt explodiert Wasserstoff angezündet

oder durch den elektrischen Funken heftig, noch heftiger mit
reinem Sauerstoff. Ein Gemenge von 2 Vol. Wasserstoff und
1 Vol. Sauerstoff führt den Namen Knallgas im engeren Sinne.
Zur Darstellung des Knallgases eignet sich der in Fig. 47 abgebildete elektrolytische Knallgasentwickler. Die Elektroden
stellt man sich folgendermassen her. Durch ein Glasrohr wird
ein Kupferdraht gesteckt, an dessen einem Ende ein nicht zu
dünner Platindraht angelötet ist. Vermittels Rubinglases wird
der Platindraht am unteren Ende des Glasrohres eingeschmolzen.
Am aussen befindlichen Ende des Platindrahtes wird dann die

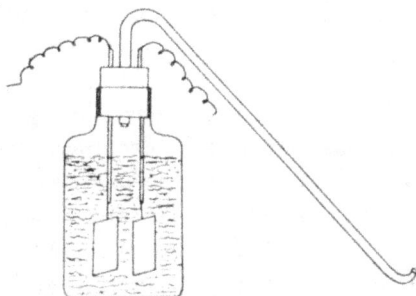

Fig. 47.
Knallgasentwickler.

aus Platinblech bestehende Elektrodenplatte mit Goldlot angelötet oder angeschweisst. Oben wird der Kupferdraht mit
Siegellack eingedichtet. Zum Füllen des Apparates dient verdünnte Schwefelsäure. Als Stromquelle benutzt man Akkumu-
latoren. Leitet man das Knallgas in Seifenwasser, so bilden
sich Blasen, die man nach Entfernung des Entwicklers
vermittels eines Wachsfadens zur Explosion bringen kann.

Gefahrlos verbrennen Wasserstoff und Sauerstoff miteinander
zu Wasser, wenn man geeignete Apparate, sogenannte Knallgas-
brenner, benutzt. Diese bestehen im wesentlichen aus zwei
ineinandergesteckten konzentrischen Röhren. Durch das innere
Rohr wird Sauerstoff, durch das äussere Wasserstoff zugeführt.
Leitet man zuerst Wasserstoff durch den Brenner und zündet
ihn an, so erhält man nach Zuführung des Sauerstoffs die nur

wenig leuchtende, aber sehr heisse Knallgasflamme, in der sogar
Platin schmilzt.

Auch beim Überleiten über Platinschwamm entzünden sich
Knallgasgemische, eine Eigenschaft, von der man bei der
Döbereinerschen Zündmaschine und chemischen Gasselbst-
zündern Gebrauch macht. Allgemein ist beim Arbeiten mit
Wasserstoff äusserste Vorsicht am Platze, weshalb man sich bei
Experimenten, bei denen der Wasserstoff entzündet werden soll,
stets davon zu überzeugen hat, dass der z. B. im Kippschen
Apparat hergestellte Wasserstoff frei von Luft ist. Eine in
einem Reagenzglas aufgefangene Probe muss ruhig abbrennen,
tritt Verpuffung ein, die von einem pfeifenden Geräusch be-
gleitet ist, so enthält der Wasserstoff noch Luft. Auch mit
Chlorgas explodiert Wasserstoff unter Bildung von Salzsäure,
z. B. wenn man das Gemenge beider Gase dem Sonnenlicht
aussetzt. Ausserordentlich ausgezeichnet ist der Wasserstoff
durch sein Reduktionsvermögen. In der Glühhitze über Metall-
oxyde geleitet, reduziert er dieselben zu Metallen unter Bildung
von Wasser, z. B.
$$CuO + H_2 = Cu + H_2O.$$
$\underbrace{\qquad}_{\text{Kupferoxyd}}$

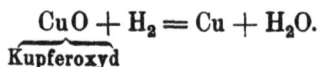

Bei gewöhnlicher Temperatur vermag der Wasserstoff solche
Reduktionswirkungen auszuüben, wenn er sich im Entstehungszustand, in statu nascendi befindet. Leitet man in Wasser, in
dem Chlorsilber verteilt ist, Wasserstoff ein, so tritt keine
Reaktion ein, wohl aber wenn man zu dem Chlorsilber Zink
und Salzsäure fügt. Der aus letzteren entwickelte Wasserstoff
reduziert dann im Moment des Entstehens das Chlorsilber zu
Silber unter Bildung von Salzsäure
$$AgCl + H = Ag + HCl.$$

Verwendung des Wasserstoffs.

Der Wasserstoff kommt in Stahlflaschen, sog. Bomben, ver-
dichtet in den Handel. Wegen der hohen Temperatur seiner
Flamme benutzt man ihn zum Löten und Schweissen von
Metallen. Während zum Löten niedrig schmelzender Metalle,

wie Blei, die Luft-Wasserstoffflamme ausreicht, benutzt man zur Erzielung hoher Temperaturen die aus Wasserstoff und Sauerstoff bestehende Knallgasflamme. Unter anderem ist das Löten von Aluminium, das bisher grosse Schwierigkeiten bereitete, durch Anwendung derselben möglich geworden. Ausgedehnte Anwendung hat das Wasserstofflötverfahren in Akkumulatorenfabriken und Schwefelsäurefabriken (Bleikammern) gefunden. Hinzuweisen ist ferner auf die Anwendung der Knallgasflamme bei der Gewinnung und Verarbeitung des Platins. Quarzglasgefässe werden mittelst der Knallgasflamme hergestellt. In England werden z. B. Glasträge aus Glasplatten fabriziert, die im Knallgasgebläse miteinander verschmolzen werden. Vielfach benutzt man dasselbe jetzt zum autogenen Schweissen bei der Metallbearbeitung. Kalk, Magnesia, Zirkonerde werden durch die Hitze der Knallgasflamme bis zur Weissglut erhitzt und man hat das dabei ausgestrahlte Licht für Beleuchtungszwecke verwandt u. a. in zur Projektion von Bildern dienenden Apparaten (Drummondsches Kalklicht). In neuerer Zeit hat man auch versucht, Wasserstoff als Beleuchtungsmittel unter Benutzung von Auerstrümpfen (Schmidt) zu benutzen. Allgemein hat sich bis jetzt die Wasserstoffbeleuchtung nicht eingeführt. Ausgedehnte Verwendung findet hingegen der Wasserstoff in der Äronautik. Motorluftschiffe werden ausschliesslich mit Wasserstoff gefüllt.

_____

Kapitel XIV.

Das Leuchtgas.

Geschichte. Das Leuchtgas wurde zuerst von dem Engländer Murdock 1792 zu Beleuchtungszwecken benutzt. Im Jahre 1812 wurde in London die Strassenbeleuchtung vermittels des Leuchtgases eingeführt. 1815 geschah dies in Paris, 1826 in Berlin. Für Luftschiffahrtszwecke verwendete es zuerst der Engländer Green. Die für die Leuchtgasbereitung nötige Apparatur, Retorten, Kondensatoren, Reiniger, Gasbehälter und Gasmesser, stammt von Samuel Clegg.

Darstellung. Die Gewinnung des Leuchtgases beruht auf der trockenen Destillation von Steinkohlen. Unter trockener Destillation versteht man die Erhitzung organischer Substanzen unter Luftabschluss, wobei feste, flüssige und gasförmige Körper entstehen. Die Steinkohlen sollen möglichst reich an Wasser-

Fig. 48.
Ofen mit horizontalen Retorten.

stoff, arm an Sauerstoff und Schwefelverbindungen sein. Die beste von allen Gaskohlen ist die englische Kannelkohle. Die Erhitzung der Kohlen geschieht in Retorten aus Schamotte, die bis zur Weissglut erhitzt werden. Die älteren Leuchtgasanstalten besassen horizontal gelagerte Retorten, von denen mehrere,

5—9 Stück in einen Ofen eingebaut waren. Die Chargierung und Entladung geschah bei ihnen „von Hand", wie auf Abbildung 48 [1]) deutlich zu erkennen ist. Man sieht die Köpfe der oval geformten Retorten mit ihren Verschlusstüren aus dem

Fig. 49.
Laden von Vertikalretorten.

Ofen herausragen. Die vorn sichtbaren Rohre sind Steigrohre, die in die sogenannte Hydraulik (s. weiter unten) führen. Später benutzte man schrägliegende Retorten, um die Chargierung zu

[1]) Fig. 48, 49, 50 aus „Das Steinkohlengas", Jahrg. III. 2. Verlag von H. Bergmann, Berlin SW 68.

erleichtern, wobei letzteres jetzt durch fahrbare Lademaschinen geschieht, die ihren Inhalt in die höher liegenden Öffnungen entleeren. Öfen mit schrägliegenden Retorten sind heute vielfach im Gebrauch. Moderne Gasfabriken besitzen vertikal an-

Fig. 50.
Entladen von Vertikalretorten.

geordnete Retorten. Aus Fig. 49 und 50 ist die Ladung und Entladung solcher Retorten zu ersehen.

Die Erhitzung der Retorten geschah früher durch Koksfeuerung, jetzt baut man Öfen mit Gasfeuerung. Bei diesen wird zuerst der Koks mittelst Luft (Primärluft genannt) in einem Gaserzeuger verbrannt, wobei das aus Kohlenoxyd und

Stickstoff bestehende Generatorgas erzeugt wird. Letzteres wird dann in den Retortenöfen selbst durch neu zugeführte Luft, die Sekundärluft, vollständig zu Kohlensäure und Stickstoff verbrannt. Um einen möglichst hohen Wärmeeffekt zu erzielen, werden die zuletzt genannten, noch sehr heissen Verbrennungsgase in zwei mit feuerfesten Steinen (wobei zwischen den Steinen Hohlräume gelassen werden) ausgelegte Kammern geleitet, um ihre Wärme an die Steine abzugeben. Haben diese sich genügend erhitzt, so wird jetzt das Generatorgas durch die eine, und die zur Verbrennung des Generatorgases nötige Sekundärluft durch die andere Kammer geleitet, um dann, auf diese Weise vorgewärmt, nach ihrer Vermischung unter grosser Wärmebildung zu verbrennen. Dies ist das Prinzip der Siemensschen Gasfeuerung.

Die Dauer der Destillation bei einer jeden Charge beträgt ungefähr 4—5 Stunden. Die Menge und Zusammensetzung des Gases ist schwankend, da sie nicht nur von der Art der verwendeten Kohle abhängig ist, sondern auch die Höhe der Temperatur eine Rolle spielt. In der Praxis destilliert man bei beginnender Weissglut (1200°). 1000 kg Kohlen liefern ungefähr 300 cbm Gas. Auch in den verschiedenen Stadien der Destillation zeigt das Gas eine wechselnde Zusammensetzung, wie aus folgender Tabelle (Tieftrunk) deutlich erkennbar ist:

	Stunde der Destillation				
	1	2	3	4	5
	%	%	%	%	%
Schwere Kohlenwasserstoffe	13 Vol.	12	12	7	0
Grubengas	82 „	72	58	56	20
Wasserstoff	0 „	8,8	16	21,3	60
Kohlenoxyd	3,2 „	1,9	12,3	11	10
Stickstoff	1,3 „	5,3	1,7	4,7	10

Hieraus ergibt sich, dass der qualitative Wert eines in der 5. Stunde erzeugten Gases vom Standpunkte des Luftschiffers am grössten ist, da in derselben meist nur noch Wasserstoffgas entsteht, wodurch die Tragfähigkeit des Gases bedeutend zunimmt.

Als festes Produkt bei der Destillation hinterbleibt der Koks, der nach Beendigung derselben aus den Retorten abgezogen und sofort mit Wasser abgelöscht wird (vgl. Bild 50). Vermittels einer Transportkette, die sich in einer vor den Öfen angeordneten Rinne befindet, wird er dann in Wagen befördert. Letztere werden nach einem Aufzug gefahren, wo sie hochgezogen werden und ihren Inhalt an den Koksbehälter abgeben. Von hier aus wird der Koks entweder nach Hektolitern verkauft[1]) oder er wird auch wieder zur Erhitzung der Öfen benutzt. Ein Teil des Kohlenstoffs scheidet sich in Form von Graphit an den Retortenwänden ab.

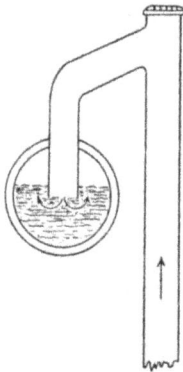

Das sich entwickelnde heisse Rohgas strömt von den Retorten durch Steigrohre in die sogenannte Hydraulik (Fig. 51 gibt die schematische Ansicht wieder), ein teilweise mit Wasser gefülltes Rohr. Dadurch, dass die Mündungen der Steigrohre einige Zentimeter in das Wasser eintauchen, wird ein Abschluss erzielt, der verhindert, dass Luft bei der Beschickung (Chargierung) in die Leitung gelangt. In der Hydraulik verdichtet sich ein Teil des Teeres und des Ammoniaks. Von hier aus wird das Gas nach Kühlern geführt, in denen es durch Wasser oder Luft soweit abgekühlt wird, dass der grösste Teil der Teerdämpfe kondensiert und (bei Anwendung von Wasserkühlung) auch ein Teil der Ammoniakdämpfe durch Wasser absorbiert wird. Hinter den Kühlern sind Gassauger, sog. Exhaustoren angebracht, die das Gas aus den Retorten durch die Hydraulik und Kühler absaugen und durch die darauf folgenden Reinigungsapparate zum Gasbehälter drücken. Die Saugwirkung der Exhaustoren wird so reguliert, dass der Druck in den Retorten

Fig. 51.
Hydraulik (schematisch).

---

[1]) Wegen seines Gehalts an Wasser, das er durch das Ablöschen aufnimmt, würde naturgemäss der Verkauf nach Gewicht für den Käufer unrationell sein.

möglichst gleich dem Luftdruck ist. Bei Überdruck in den
Retorten würden die schweren Kohlenwasserstoffe zersetzt werden
und durch etwaige Undichtigkeiten der Retorten zu viel Gas
verloren gehen, bei Unterdruck würde Luft angesaugt werden.
Die Gassauger werden in verschiedenen Arten benutzt, entweder
in Pumpenform, in Form von in Gehäusen eingeschlossenen
rotierenden Flügeln oder man verwendet auch den Körting-
schen Dampfstrahlinjektor. Im weiteren Verlauf des Reinigungs-
prozesses wird nun das Gas zuerst von den letzten Resten Teer
befreit. Dazu dient der Teerscheider von Pelouse und
Audouin, s. Fig. 52. Er enthält als wichtigsten Bestandteil
eine dreifache in Wasser
tauchende Siebglocke. Das
Gas tritt bei E ein, passiert
die feinen Löcher der Glocke,
wobei die Teertröpfchen
hängen bleiben, und tritt
bei A wieder aus. Der Teer
fliesst unten bei T ab. Zur
Abscheidung des Naphtha-
lins wird das Gas dann in
eiserne Trommeln geleitet,

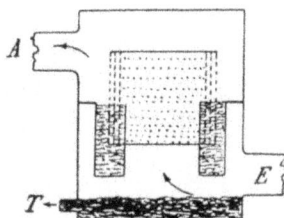

Fig. 52.

Teerscheider von Pelouse u. Audouin.

die in einzelne Kammern geteilt sind. Durch letztere führt eine
axial eingebaute Welle, auf der durchbrochene Holzscheiben sitzen.
Bei der Drehung tauchen dieselben in Anthrazenöl, das die
ganze Scheibe benetzt und aus dem durchstreichenden Gas das
Naphthalin aufnimmt. In einem ähnlichen gebauten Apparat
wird das Cyan entfernt. Hierauf wird das Gas nochmals zwecks
Kühlung und Entfernung des Ammoniaks mit kaltem Wasser
in Berührung gebracht. Dazu dienen sog. Skrubber, zylindrische
Gefässe, in denen horizontale Holzhorden eingebaut sind, die
von oben mit Wasser berieselt werden, während das Gas unten
eintritt. Zuletzt bleibt noch die Entfernung der Schwefelverbindungen übrig. Von dieser Verunreinigung wird das Gas in
den Reinigern befreit, grossen eisernen Kästen, in denen über-
einander Holzhorden angeordnet sind, auf denen die sog.

9*

Reinigermasse ausgebreitet ist, die aus einem Gemisch von Raseneisenerz (einem oxydischen Eisenerz), Kalk und Sägespänen besteht. Sämtliche Schwefelverbindungen, besonders die organischen, vollständig zu entfernen, ist bisher leider technisch nicht gelungen.

Das so allmählich aus dem Rohgas entstandene fertige Leuchtgas passiert dann die grossen Stationsgasmesser, die die Menge des produzierten Gases messen. Sie sind nach demselben Prinzip wie die kleinen im Haushalt üblichen Gasometer gebaut (Fig. 53) und bestehen aus einem mit einem Fuss versehenen zylindrischen Gehäuse, in dem sich eine drehbare Trommel befindet, die durch Querwände in vier Abteilungen geteilt ist. Das Gas tritt bei E ein und füllt die darüber befindliche Kammer an, wodurch dann infolge des Gasdrucks die Trommel in langsame Rotation gerät, so dass sich die Kammern abwechselnd mit Gas und Wasser füllen. Bei A findet dann der Austritt des Gases statt. Die Drehung der Trommel wird auf ein Zählwerk übertragen, welches den Verbrauch, bezw. bei den Stationsgasmessern die Produktion in cbm anzeigt.

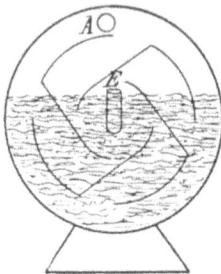

Fig. 53.
Gasmesser, schematisch.

Von letzteren gelangt das Gas in den Gasbehälter, fälschlich auch Gasometer genannt. In Fig. 54 ist ein solcher schematisch gezeichnet. Er besteht aus einem aus Eisenplatten genieteten glockenförmigen Behälter, der in ein gemauertes, mit Wasser gefülltes Bassin taucht. Damit dieses nicht zu tief ausgeführt zu werden braucht, ist der Behälter nach dem Teleskopsystem konstruiert. Die Ränder der oberen Glocke und des unteren ringförmigen Teils sind umgebogen, so dass beim Füllen des Behälters zuerst der obere Teil steigt, dann der untere mit emporgehoben wird. Das in dem umgebogenen Teil der Glocke befindliche Wasser bewirkt hierbei den Abschluss gegen die Luft. Damit ferner zum Füllen des Bassins möglichst wenig Wasser erforderlich ist, ist der Innenraum in Form eines abgestumpften Kegels aus-

gemauert. Am Behälter angebrachte Gegengewichte (nicht gezeichnet) erleichtern das Füllen. In kalten Ländern werden die
Gasbehälter ummauert, um ein Gefrieren des Sperrwassers zu
verhindern. Auch leitet man in kalten Ländern für diesen
Zweck Dampf in das Sperrwasser ein. In den Behältern steht

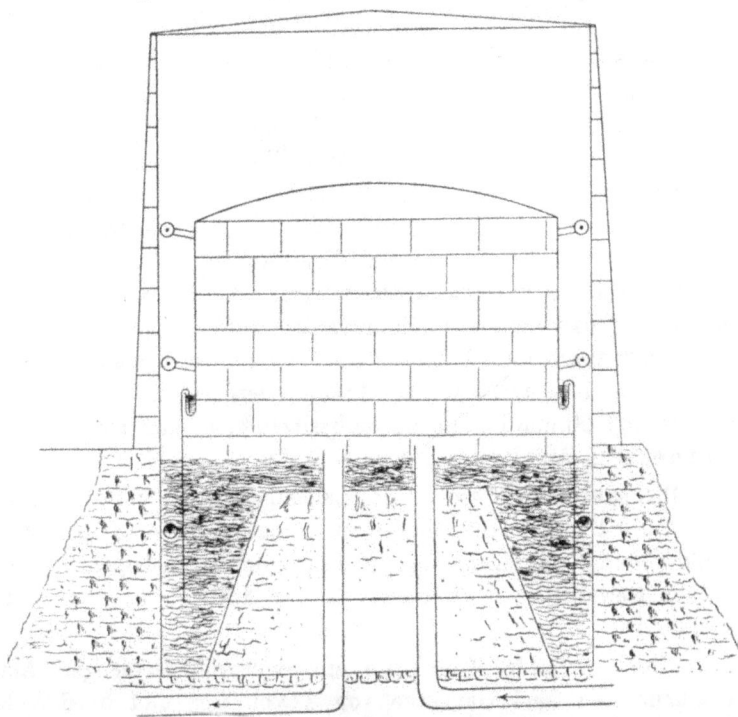

Fig. 54.
Schema eines Gasbehälters.

das Leuchtgas, je nach der Grösse derselben, unter einem Druck
von 150—400 mm Wassersäule. Bevor es nun den Konsumen-
ten zugeführt wird, passiert es noch im Gasmesserhaus auf-
gestellte Stadtdruckregler, die den Druck selbsttätig auf etwa
50 mm Wassersäule reduzieren.

Eigenschaften. Ein gutes Leuchtgas besitzt etwa folgende
Zusammensetzung dem Volumen nach:

Wasserstoff	= 49 %
Methan	= 34 „
Kohlenoxyd	= 8 „
Schwere Kohlenwasserstoffe	= 4 „
Kohlensäure	= 1 „
Stickstoff	= 4 „

Die schweren Kohlenwasserstoffe, unter ihnen namentlich das Benzol (C_6H_6), bestimmen die Leuchtkraft. Letztere wird durch Photometrieren ermittelt. Bei dem Bunsenschen Photometer wird ein mit einem Fett- oder Ölfleck versehenes Papier von zwei Seiten beleuchtet, wobei sich auf der einen Seite die Leuchtgasflamme, auf der anderen eine sog. Normalflamme befindet. Die beiden Lichtquellen werden so lange verschoben, bis der Fleck unsichtbar wird. Die Lichtstärken verhalten sich dann wie die Quadrate der Entfernung der beiden Lichtquellen von dem Papier. Als Lichteinheit dienen Normalkerzen, die, in Deutschland aus Paraffin hergestellt, 2 cm Durchmesser und 50 mm Flammenhöhe besitzen oder man benutzt die Hefnersche Amylazetat-Lampe.

Das spezifische Gewicht des Leuchtgases schwankt zwischen 0,4—0,5. Für den Luftschiffer ist es natürlich vorteilhaft, zur Ballonfüllung ein Leuchtgas von möglichst niedrigem spezifischen Gewicht zu verwenden, da der Auftrieb dann um so grösser ist.

Mit Luft bildet Leuchtgas ein explosives Gemenge. Am gefährlichsten sind Gemische von 1 Vol. Gas und 5—6 Vol. Luft. Bei einem unteren Gehalt von 5 Vol.-% und einem oberen von 30 Vol.-% an Leuchtgas tritt keine Explosion mehr ein. Sein eigentümlicher Geruch stammt von organischen Schwefel- und Stickstoffverbindungen. Durch den Gehalt an Kohlenoxyd wirkt es giftig.

Kapitel XV.

Das Leichtgas von v. Oechelhäuser.

Den Bemühungen des Generaldirektors der Deutschen Kontinental-Gas-Gesellschaft in Dessau, Herrn Dr. ing. h. c. von Oechelhäuser, ist es in jüngster Zeit gelungen, aus dem gewöhnlichen Leuchtgas unter geringen Kosten ein sog. Leichtgas von bedeutend geringerem spezifischem Gewicht und damit erhöhter Tragfähigkeit zu schaffen. Die Herstellung dieses Gases beruht auf der Dekarburierung des Leuchtgases, worunter man die Zersetzung der in letzterem enthaltenen Kohlenwasserstoffe unter Anwendung von Hitze zu verstehen hat, derartig, dass der in den Kohlenwasserstoffen enthaltene Wasserstoff frei wird, während der Kohlenstoff sich abscheidet. Was die Umwandlung des Leuchtgases in das neue Ballongas auf billige Weise ermöglicht, ist der Umstand, dass der Dekarburierungsprozess in den gewöhnlichen horizontalen oder vertikalen Retorten ohne grosse Umänderung derselben vorgenommen werden kann. Fig. 55[1]) gibt die Einrichtung zur Herstellung von Ballongas in Vertikalöfen wieder. Für die Praxis ist es erforderlich, dass die Retorten genügend Graphit angesetzt haben und gut dicht sind. Sie müssen namentlich am Boden und Kopf gut verpinselt werden. Die Retorten werden im unteren Teil mit groben Stücken von Koks, im oberen mit einer Schicht Feinkoks, die als Russfilter dient, angefüllt.

Nachdem die Beschickung drei Stunden angeheizt ist, wird das zu dekarburierende Leuchtgas eingeführt. Das Gas tritt unten in die Retorten ein und oben aus denselben als Leichtgas aus. Hierauf passiert es einen Luftkühler von 0,4 m Durchmesser und 4 m Länge und weiter einen mit feiner Holzwolle angefüllten Staubfilter von denselben Abmessungen, in dem der aus den zersetzten Kohlenwasserstoffen stammende fein verteilte Russ zurückgehalten wird. Die geringen Mengen Schwefelwasserstoff, die aus den selbst im gereinigten Leuchtgas ent-

---

[1]) Journal für Gasbeleuchtung, Sonderabdruck. No. 30, 23. Juli 1910.

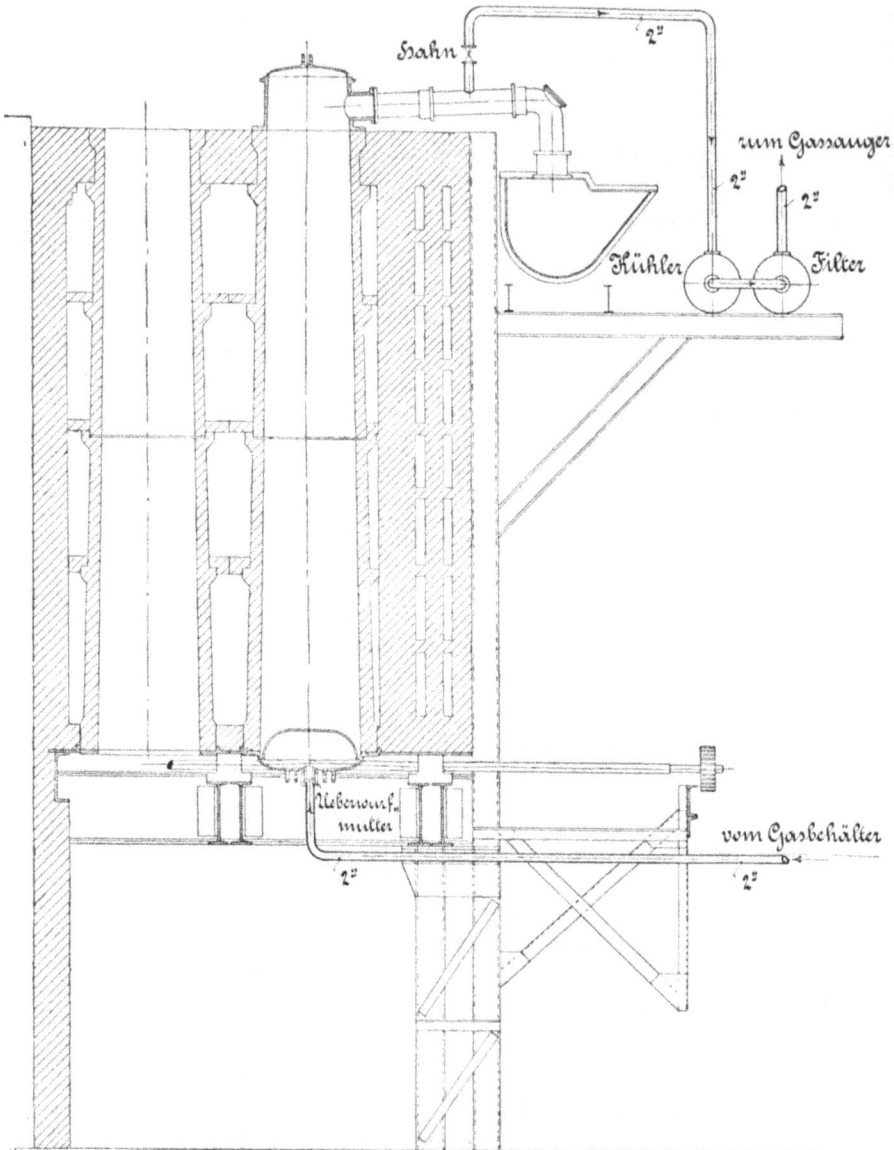

Fig. 55. Einrichtung zur Herstellung von Leichtgas in Vertikalöfen.
(Journal für Gasbeleuchtung, Nr. 30, 1910.)

haltenen organischen Schwefelverbindungen, namentlich dem
Schwefelkohlenstoff (CS_2), stam-
men, werden durch einen Eisen-
oxydreiniger (von ca. 0,3 cbm
Grösse pro 1000 cbm Tagesleistung) entfernt. Das Gas wird
dann durch ein Gebläse in den Behälter gedrückt. Je nach der
Beschaffenheit des Gases und der
Ofentemperatur können pro Retorte und Stunde 15—20 cbm
Leuchtgas zersetzt werden, aus
denen ein um 15—20% grösseres
Volumen an Ballongas erzielt
werden kann. Mit einem 10 Vertikalretorten enthaltenden Ofen mit
4 m langen Retorten können im
günstigen Falle etwa 3600 cbm
Ballongas in 24 Stunden erzeugt
werden. Mindestens ebensogut,
wenn nicht besser, gelingt die
Dekarburierung des Ballongases in
den horizontalen Retorten. Letztere sind nämlich in ihrer ganzen
Länge gleichmässig erhitzt, während bei den vertikalen Retorten
die Temperatur von unten nach
oben abnimmt. Allerdings sind
hierbei nicht alle Retorten geeignet, sondern z. B. bei einem
Achterofen nur die obersten 4—6,
so dass man bei Verwendung des
ganzen Ofens zur Erzeugung von
Ballongas dafür sorgen muss, dass
auch die Flügelretorten auf 1200

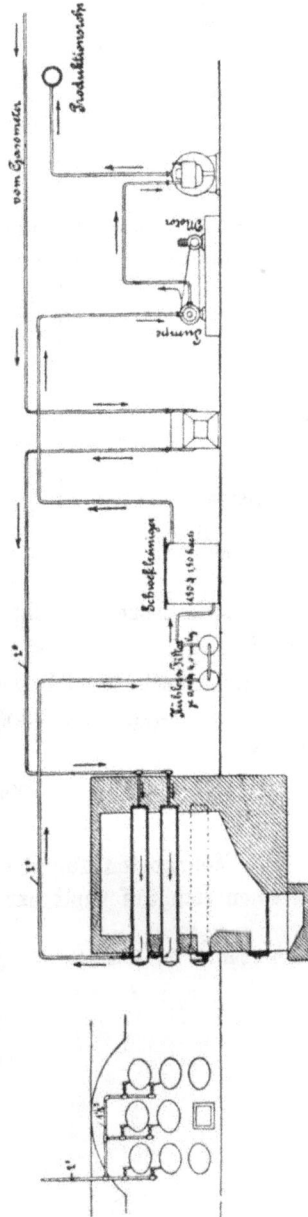

Fig. 56. Herstellung von Leichtgas in horizontalen Retorten.

erhitzt werden. Das Gas wird hierbei (Fig. 56)[1]) von hinten
in die Retorten geleitet, die Reinigung des Leichtgases geschieht ebenso, wie vorher schon beschrieben. Bei Benutzung
von 6 Retorten erhält man rund 1200 cbm in 24 Stunden.
Folgende Tabelle veranschaulicht den Unterschied in der
Zusammensetzung zwischen dem gewöhnlichen Dessauer Steinkohlengas und dem daraus gewonnenen Ballongas in Vol. %.

	Leuchtgas	Ballongas
Schwere Kohlenwasser-stoffe	2,6	—
Kohlensäure	1,3	—
Sauerstoff	0,2	—
Stickstoff	6,3	5,1
Kohlenoxyd	5,3	7,3
Methan	24,7	6,9
Wasserstoff	59,6	80,7

Das spezifische Gewicht des Steinkohlengases beträgt hierbei 0,41.

Das spezifische Gewicht des Ballongases dagegen nur 0,225—0,3.

Der Auftrieb von 1000 cbm Steinkohlengas ist daher
= 763 kg.

Der Auftrieb von 1000 cbm Ballongas dagegen 1000
bis 900 kg.

Die Mehrkosten für die Produktion von 1 cbm Ballongas
berechnen sich auf rund nur 3 Pfg.

---

[1]) Journal für Gasbeleuchtung, l. c.

Kapitel XVI.

Gasflaschen.

Wie schon mehrfach erwähnt, dienen zum Aufbewahren und Transport sogen. Gasflaschen oder Gasbomben (Fig. 57)[1]). Sie werden nach meist geheim gehaltenen Verfahren, z. B. nach dem Pressverfahren von Ehrhardt oder nach Mannesmann aus nahtlosen Röhren hergestellt. Für geringeren Druck, etwa bis zu 150 Atmosphären, benutzt man weichere Stahlsorten, da dieselben billiger sind als die für sehr hohe Drucke verwendeten Spezialstähle, wie Siemens-Martinstahl. Der Boden wird bei den aus Mannesmannrohr hergestellten Flaschen durch Schmieden gebildet und der Hals durch einen umgelegten Stahlring verstärkt. Damit die Flaschen aufrecht stehend gelagert werden können, besitzen sie noch einen viereckigen Fuss sowie zum Schutze des Ventils eine aufschraubbare Kappe. Die Flaschen werden in verschiedenen Grössen hergestellt.

Fig. 57.
Durchschnitt einer Gasbombe.

Wasser- inhalt in Litern	Länge in Milli- metern	Gewicht in Kilo- grammen	Wasser- inhalt in Litern	Länge in Milli- metern	Gewicht in Kilo- grammen
36	1400	64	70	2610	117
40	1555	71	75	2790	125
45	1730	78	80	2960	133
50	1900	86	90	3320	148
60	2260	102	95	3500	156

[1]) Fig. 57 und 58 aus Moedebecks Taschenbuch.

Für die Untersuchung und Abnahme der Bomben existieren besondere Vorschriften (Martens, Zeitschrift des Vereins deutscher Ingenieure 1896, Nr. 26 und 27). Unter anderem werden sie der Wasserdruckprobe unterworfen. Bei letzterer muss die Flasche, wenn n der Druck ist, den sie nach normaler Füllung und beim Bescheinen durch die Sonne auszuhalten hat, einen Druck von 1,1 n Atmosphären aushalten. Hiernach mit Gas oder Luft von 0,9 n Atmosphären gefüllt, dürfen sie unter Wasser nicht Undichtigkeiten zeigen. Sie müssen alle 3 Jahre behördlich geprüft werden.

Zur teilweisen Entnahme des Gases schraubt man auf die

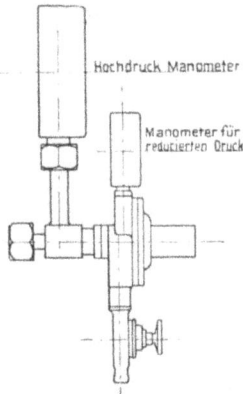

Hochdruck Manometer

Manometer für reduzierten Druck

Fig. 58.
Schema eines Reduzierventils.

Fig. 59.
Gasflasche mit Reduzierventil.

Flaschen Reduzierventile (Fig. 58) auf. Sie enthalten eine Vorrichtung, die beim Öffnen des Flaschenventils den in den Bomben herrschenden Druck auf einen geringeren, durch eine Stellschraube regulierbaren Druck erniedrigt. Zum Ablesen des Gasdrucks in der Flasche dient ein Hochdruckmanometer, während den reduzierten Druck (von etwa 0,5 Atmosphären) ein

Fig. 60.
Wagen für Gasflaschen.

Fig. 61.
Kompressor (stationär).

zweites Manometer anzeigt. Hinter letzterem ist ein Hahn zur Abnahme des Gases angeordnet. Fig. 59 gibt die Ansicht einer Gasflasche mit Ventil wieder. Die Ermittlung des Gasinhalts der Flasche geschieht durch Multiplikation der Wasserliter mit der am Hochdruckmanometer abgelesenen Atmosphärenzahl, wobei zu beachten ist, dass die Gase bei hohen Drucken dem Mariotteschen Gesetz nicht mehr genau folgen, vgl. darüber das im Kapitel Wasserstoff S. 120 Gesagte. Beim Füllen des

Fig. 62.
Fahrbarer Kompressor.

Ballons lässt man das Gas ohne Anwendung des Reduzierventils direkt aus der Bombe ausströmen. Beim Lagern der Flaschen ist darauf zu achten, dass sie wegen Platzgefahr nicht der Wärme, etwa dem Sonnenschein ausgesetzt werden, da sich der Inhalt hierbei stark ausdehnt. Für den feldmässigen Transport dienen besondere Flaschenwagen (Fig. 60)[1]. Jeder enthält 20 Flaschen. Bei Verwendung von 36 Literflaschen und einem

[1] Fig. 60, 61 und 62 aus Riedingers Katalog.

Druck von 150 Atmosphären sind daher zur Füllung eines
Ballons von 800 cbm 8 Wagen erforderlich, da ein einzelner
36 . 150 . 0,932 . 20 = 100 cbm enthält. Zur Kompression dienen
liegende oder stehende Kompressoren (Fig. 61). Auch sind
fahrbare Kompressoren gebaut worden, wie Fig. 62 zeigt, die
entweder mit einem Benzinmotor oder einer Lokomobile betrieben
werden. Sie können mit fahrbaren Gaserzeugern, wie sie im
Kapitel Wasserstoff beschrieben sind, eine fliegende Gaszentrale
bilden.

Anhang.

Tabelle der Werte für $1 + \alpha t$, wenn $\alpha = 0{,}003665$ ist.

t^0	$1+\alpha t$	t^0	$1+\alpha t$	t^0	$1+\alpha t =$	t^0	$1+\alpha t$
0	1,000000	11	1,040315	21	1,077065	31	1,113715
1	1,003665	12	1,043980	22	1,080730	32	1,117380
2	1,007330	13	1,047645	23	1,084395	33	1,121045
3	1,010995	14	1,051310	24	1,088060	34	1,124710
4	1,014660	15	1,054975	25	1,091725	35	1,128375
5	1,018325	16	1,058640	26	1,095390	36	1,132040
6	1,021990	17	1,062305	27	1.099055	37	1,136705
7	1,025655	18	1,066070	28	1,102720	38	1,140370
8	1,029320	19	1,069785	29	1,106385	39	1,144035
9	1,032985	20	1,073300	30	1,110050	40	1,147700
10	1,036650						

Tabelle der Werte für $1 - \alpha t$, wenn $\alpha = 0{,}003665$ ist.

t^0	$1-\alpha t$	t^0	$1-\alpha t$	t^0	$1-\alpha t$	t^0	$1-\alpha t$
1	0,996335	11	0,959685	21	0,923035	31	0,886385
2	0,99267	12	0,95602	22	0,91937	32	0,88272
3	0,989005	13	0,952355	23	0,915705	33	0,879055
4	0,98534	14	0,94869	24	0,91204	34	0,87539
5	0,981675	15	0,945025	25	0,908375	35	0.871525
6	0,97801	16	0,94136	26	0,90471	36	0,86806
7	0,974345	17	0,937695	27	0,901045	37	0,864395
8	0,97068	18	0,93403	28	0,89738	38	0,86073
9	0,967015	19	0,930365	29	0,893715	39	0,857065
10	0,96335	20	0,9267	30	0,89005	40	0,8534

Internationale Atomgewichte 1909.

Ag	Silber	107.88	*N*	Stickstoff		14.01
Al	Aluminium	27.1	*Na*	Natrium		23.00
Ar	Argon	39.9	*Nb*	Niobium		93.5
As	Arsen	75.0	*Nd*	Neodymium		144.3
Au	Gold	197.2	*Ne*	Neon		20
B	Bor	11.0	*Ni*	Nickel		58.68
Ba	Baryum	137.37	*O*	Sauerstoff		16.00
Be	Beryllium	9.1	*Os*	Osmium		190.9
Bi	Wismut	208.0	*P*	Phosphor		31.0
Br	Brom	79.92	*Pb*	Blei		207.10
C	Kohlenstoff	12.00	*Pd*	Palladium		106.7
Ca	Kalzium	40.09	*Pr*	Praseodymium		140.6
Cd	Kadmium	112.40	*Pt*	Platin		195.0
Ce	Zerium	140.25	*Ra*	Radium		226.4
Cl	Chlor	35.46	*Rb*	Rubidium		85.45
Co	Kobalt	58.97	*Rh*	Rhodium		102.9
Cr	Chrom	52.1	*Ru*	Ruthenium		101.7
Cs	Cäsium	132.81	*S*	Schwefel		32.07
Cu	Kupfer	63.57	*Sb*	Antimon		120.2
Dy	Dysprosium	162.5	*Sc*	Skandium		44.1
Er	Erbium	167.4	*Se*	Selen		79.2
Eu	Europium	152.0	*Si*	Silizium		28.3
F	Fluor	19.0	*Sm*	Samarium		150.4
Fe	Eisen	55.85	*Sn*	Zinn		119.0
Ga	Gallium	69.9	*Sr*	Strontium		87.62
Gd	Gadolinium	157.3	*Ta*	Tantal		181.0
Ge	Germanium	72.5	*Tb*	Terbium		159.2
H	Wasserstoff	1.008	*Tc*	Tellur		127.5
He	Helium	4.0	*Th*	Thorium		232.42
Hg	Quecksilber	200.0	*Ti*	Titan		48.1
In	Indium	114.8	*Tl*	Thallium		204.0
Ir	Iridium	193.1	*Tu*	Thulium		168.5
J	Jod	126.92	*U*	Uran		238.5
K	Kalium	39.10	*V*	Vanadium		51.2
Kr	Krypton	81.8	*W*	Wolfram		184.0
La	Lanthan	139.0	*X*	Xenon		128
Li	Lithium	7.00	*Y*	Yttrium		89.0
Lu	Lutetium	174	*Yb*	Ytterbium		
Mg	Magnesium	24.32		(Neoytterbium)		172
Mn	Mangan	54.93	*Zn*	Zink		65.37
Mo	Molybdän	96.0	*Zr*	Zirkonium		90.6